Kerstin Stender-Monhemius

Schlüsselqualifikationen

dtv

Beck im dtv

Schlüsselqualifikationen

Zielplanung, Zeitmanagement,
Kommunikation, Kreativität

Von Prof. Dr. Kerstin Stender-Monhemius

Deutscher Taschenbuch Verlag

Im Internet:

dtv.de

beck.de

Originalausgabe
Deutscher Taschenbuch Verlag GmbH & Co. KG,
Friedrichstraße 1 a, 80801 München
© 2006. Redaktionelle Verantwortung: Verlag C. H. Beck oHG
Druck und Bindung: Druckerei C.H. Beck, Nördlingen
(Adresse der Druckerei: Wilhelmstraße 9, 80801 München)
Satz: Fotosatz Otto Gutfreund GmbH, Darmstadt
Grafiküberarbeitung: Hoffmanns Text Office, München
Umschlaggestaltung: Agentur 42 (Fuhr & Partner), Mainz

ISBN (10) 3-423–50910-4 (dtv)
ISBN (10) 3-406-55161-0 (C. H. Beck)
ISBN (13) 978-3-423-50910-7 (dtv)
ISBN (13) 978-3-406-55161-1 (C. H. Beck)

Inhaltsübersicht

Inhaltsverzeichnis

A. Schlüsselqualifikationen für die berufliche Handlungskompetenz

Im Berufsleben gewinnen so genannte Schlüsselqualifikationen zunehmend an Bedeutung. Stellenanzeigen, die Berufseinsteiger oder Fortgeschrittene umwerben, fordern neben der gebotenen Fachkompetenz andere Fähigkeiten wie Team- und Kommunikationsfähigkeit oder Lernwille und Leistungsbereitschaft. Diese sollen unter anderem behilflich sein, neue Arbeitsinhalte schnell und selbständig zu erschließen.

Mit **Schlüsselqualifikationen** sind ursprünglich die genannten und andere Qualifikationen als „Schlüssel" zur schnellen, reibungslosen Erschließung von wechselndem Fachwissen gemeint. Mittlerweile haben sich eine Vielzahl von Wissenschaftlern – Psychologen, Pädagogen, Betriebswissenschaftler, Arbeits- und Berufsforscher – mit Schlüsselqualifikationen beschäftigt und den Begriff um den Aspekt Persönlichkeit, beispielsweise der individuellen Einstellung zur Arbeit und Belastbarkeit, erweitert.

In unserer schnelllebigen Gesellschaft veraltet Fachwissen rasch – der Wesenskern von Schlüsselqualifikationen verändert sich nicht. Da sie in allen denkbaren Branchen und Tätigkeiten einsetzbar sind, werden sie zum wichtigen Teil der beruflichen Handlungskompetenz.

Berufliche Handlungskompetenz ist die Fähigkeit und Bereitschaft,
- Probleme der Berufs- und Lebenssituation zielorientiert auf der Grundlage methodisch geeigneter Handlungsschemata selbständig zu lösen,
- die gefundenen Lösungen zu bewerten und
- das Repertoire der Handlungsfähigkeiten zu erweitern
(Simon 2004, S. 12 f.).

Die berufliche Handlungskompetenz beinhaltet die Fach-, Selbst-, Sozial- und Methodenkompetenz (Abbildung 1).

Die **Fachkompetenz** umfasst berufsbezogene und -übergreifende Kenntnisse wie Fremdsprachen, IT-Kenntnisse, wirtschaftliches und

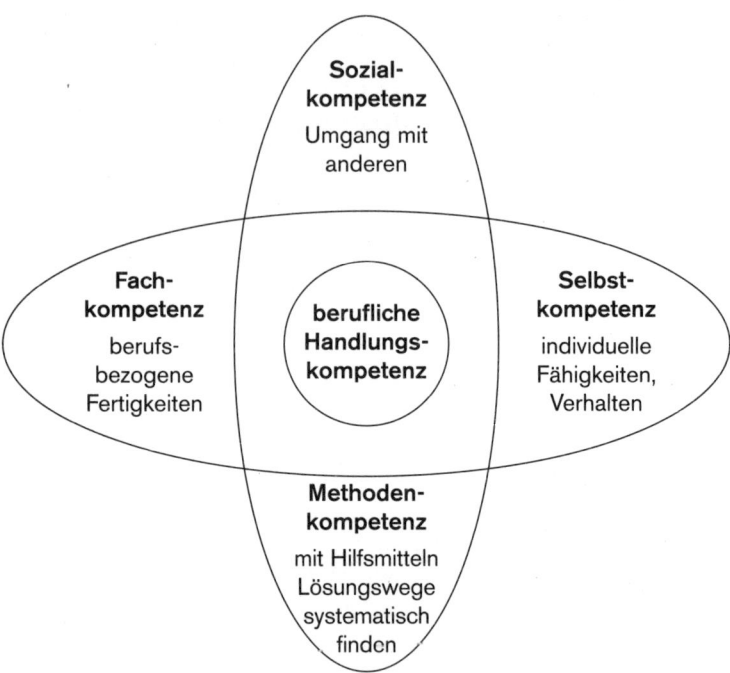

Abb. 1: Kompetenzfelder der Handlungsfähigkeit

internationales Allgemeinwissen. Die Fachkompetenz ist die Grundlage jeglicher beruflichen Betätigung.

Mit **Selbstkompetenz** sind generell die individuellen Fähigkeiten und Fertigkeiten eines Menschen gemeint (Wellhöfer 2004, S. 17). Im Zusammenhang mit der Arbeitswelt gibt es enge Berührungspunkte mit der Fähigkeit, das eigene (Arbeits-)Verhalten zu strukturieren und zu planen, wobei am Anfang einer jeden Planung das Ziel steht.

Sozialkompetenz bezeichnet die Fähigkeit und Bereitschaft des Menschen, sich im Umgang mit anderen verantwortungsbewusst und beziehungsorientiert zu verhalten. Sozialkompetenz beinhaltet in erster Linie das Kommunikationsverhalten, aber auch die Team- und Kooperationsbereitschaft des Individuums und seine Fähigkeit zur Empathie und Konfliktbewältigung.

Personen mit **Methodenkompetenz** können anstehende Lern- und Arbeitsaufgaben systematisch und selbständig lösen und dabei benötigte Hilfsmittel adäquat anwenden.

Gegenstand der folgenden Ausführungen sind wesentliche Techniken und Hintergrundinformationen, die der Führungskraft bei der Weiterentwicklung ihrer Schlüsselqualifikationen hilfreich sind. Die mit vielen Beispielen unterlegten Ausführungen sollen die **Handlungsfähigkeit des Managers unterstützen**, seine Führungsaufgabe im Unternehmen wahrzunehmen.

Ausgangspunkt ist die Selbstkompetenz der Führungskraft, insbesondere ihre **Zielplanung** und ihr Zeitmanagement. Methodische Anregungen erleichtern ihr, Zielprioritäten zu setzen.

Ein zielgerichtetes **Zeitmanagement** benötigt die Kenntnis der Einflussfaktoren, beispielsweise der äußeren und inneren „Zeitdiebe" im beruflichen Alltag. Ein Fragebogen mit Antwortauswertung dient zur Diagnose des eigenen Umgangs mit der Zeit. Zur Tagesplanung werden methodische Hilfsmittel vorgestellt.

Die Kommunikationskompetenz ist der wichtigste Teil der Sozialkompetenz des Managers. Hierzu zählen

- das verbale und non-verbale **Ausdrucksvermögen**
- die **Gesprächsführung** in ausgewählten Situationen, auch im Konfliktfall,
- die Fähigkeit zu **visualisieren** und
- die Fähigkeit zu **moderieren**.

Zur Methodenkompetenz des Managers gehört es auch, sich und andere gezielt zur **Kreativität** zu veranlassen. Ausgehend von Erkenntnissen der Kreativitätsforschung werden **Techniken** an die Hand gegeben, die zur Entwicklung innovativer Produkt- und Problemlösungen hilfreich sind.

B. Selbstkompetenz

I. Zielplanung

Am Anfang einer jeden Planung steht das Ziel. Gibt es dieses nicht, bleiben Handlung und Ergebnis unklar. Da nützen weder Arbeitsmethoden noch Zeitplanung etwas.

Es kommt oft nicht darauf an, was der Mensch tut, sondern **wozu** er es tut (Finalität des Handelns). Er benötigt klare berufliche und private Ziele, die er bewusst anstrebt. Nur so kann er einen direkten Zusammenhang zwischen seinem Handeln von heute und seinem Erfolg und seiner Zufriedenheit von morgen herstellen.

1. Zielbildungsprozess

Der Universalwissenschaftler René Descartes formulierte 1637 eine Arbeitsmethode, deren Grundprinzipien für die **Planung der Zielerreichung** bis heute Gültigkeit hat (www.lehridee.de unter „Lernen und Lehren", Stichworte „Selbst- und Zeitmanagement"):
- Erster Schritt: **Formuliere die Aufgabe** (Ziel, Projekt, Problem) schriftlich und zerlege die Gesamtaufgabe (Oberziel) in kleinere Teile.
- Zweiter Schritt: Ordne die Teilaufgaben (**Teilziele**) nach Prioritäten.
- Dritter Schritt: **Erledige alle Teilziele**.
- Vierter Schritt: **Kontrolliere das Ergebnis** (Zielerreichung).
  Abbildung 2 visualisiert die Schritte dieses Prozesses.

Alle **(Teil-)Ziele** sind **präzise** hinsichtlich Inhalt, Ausmaß und Zeitbezug zu **formulieren** (erster Schritt).
Zur präzisen Zielformulierung sind folgende Fragen hilfreich:
- „Was ist der Gegenstand meines Ziels?"

Im Hinblick auf den **Zielinhalt** geht es nicht nur um die Arbeit, sondern um alle Lebensbereiche wie Familie, Freunde, Gesundheit, Kultur..., die dem Menschen wichtig sind.

Schritt 1	Schritt 2	Schritt 3	Schritt 4
Ziele formulieren	Ordnen der Teilziele nach Prioritäten	Maßnahmen planen und realisieren	Erfolg (Vergleich Soll/Ist)
beruf-lich / privat			beruf-lich / privat

Abb. 2: Planung der Zielerreichung (vgl. www.lehridee.de, Stichwort „Zeitmanagement")

- „Woran ist erkennbar, dass ich mein (Teil-)Ziel erreicht habe?" (**Zielausmaß**)
- „Bis wann soll das (Teil-)Ziel erreicht werden?" (**Zeitbezug**).

2. Prioritäten setzen

Für den zweiten Schritt „Prioritäten setzen" im Zielerreichungsprozess liefern der italienische Volkswirtschaftler Pareto und der amerikanische General und spätere Präsident Eisenhower wesentliche Anhaltspunkte.

Pareto hat sich mit dem Phänomen beschäftigt, dass in der Regel in nur 20 Prozent der Arbeitszeit 80 Prozent der angestrebten Ergebnisse erzielt werden (**20 : 80 Regel**).

Anders ausgedrückt: 80 Prozent der Arbeitszeit werden für nebensächliche Aufgaben verschwendet, die lediglich 20 Prozent des erzielten Ergebnisses liefern (Abbildung 3). Natürlich handelt es sich nicht um reale Prozentwerte, sondern um Trends.

Dem Pareto-Prinzip folgend geht es darum, **die richtigen Dinge zu**

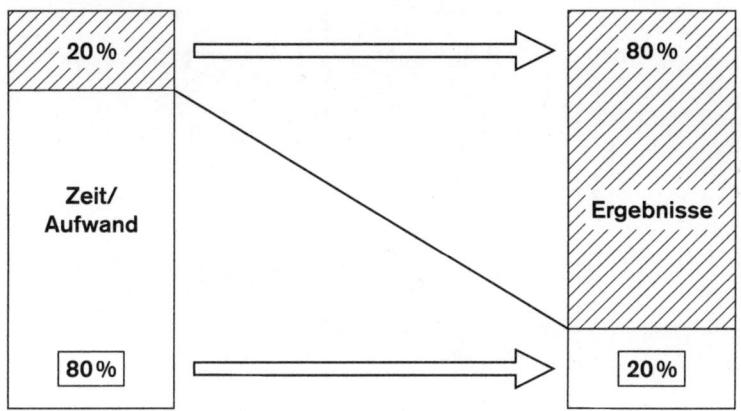

20 % der Kunden oder Waren bringen 80 % des Umsatzes.
20 % der Besprechungszeiten bewirken 80 % der Entscheidungen.
20 % der Zeitung enthält 80 % der Nachrichten.
20 % der Schreibtischarbeit ermöglichen 80 % des Arbeitserfolges.
usw.

Abb. 3: Pareto-Prinzip (20 : 80 Regel)

tun (Effektivität) und nicht nur die Dinge richtig zu tun (Effizienz): **Effektivität geht vor Effizienz!**

Das Wissen um diese Zusammenhänge kann behilflich sein, wenn die Ziele formuliert und die Maßnahmen geplant werden. Es gilt, die „20 : 80 Erfolgsverursacher" für sich im privaten und beruflichen Bereich herauszufinden und diese mit der höchsten Priorität zu versehen (www.lehridee.de Stichwort „Zeitmanagement").

Eisenhower hat seine **Aufgaben nach Wichtigkeit und Dringlichkeit** eingeteilt und diese mit den Ausprägungsgraden hoch und niedrig versehen. Resultat ist eine Vierfeldermatrix (Abbildung 4). Jedes Feld impliziert verschiedene **Prioritätstufen (A bis D)** mit entsprechenden Handlungsanweisungen (sofort erledigen, terminieren, delegieren, verwerfen). Mit dem „Eisenhower-Prinzip" werden Aufgaben des nächsten Arbeitstages, der kommenden Woche, eines Monats, Jahres etc. nach Priorität A bis D geordnet.

Beim „Eisenhower-Prinzip" ist zu beachten, dass es viele unerlässliche **Spaßfaktoren** gibt, die **weder dringlich noch wichtig** sind ...

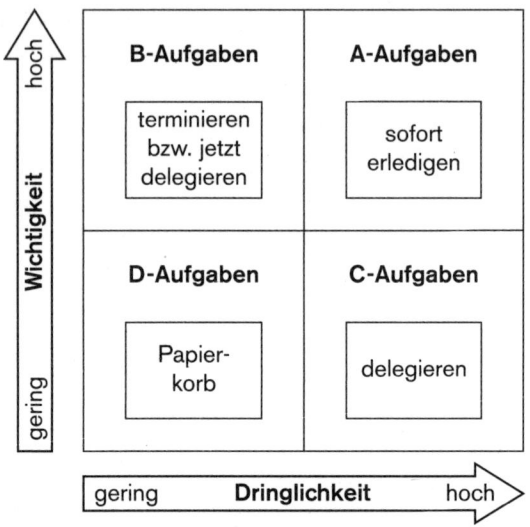

Abb. 4: „Eisenhower-Prinzip" zur Prioritätenfindung

Analog zum „Eisenhower-Prinzip" bietet die ABC-Analyse Ansatzpunkte, Aufgaben in eine Reihenfolge ihrer Priorität zu bringen.

Bei der **„ABC-Analyse"** werden die Aufgaben eingeteilt in

• A-Aufgaben, die sehr wichtig sind
• B-Aufgaben, die wichtig sind
• C-Aufgaben, die Routineaufgaben darstellen.

Die ABC-Analyse ist geeignet, aus dem Blickwinkel einer Führungskraft die Aufgaben der Mitarbeiter nach Priorität zu sortieren. Um die Methode durchführen zu können, ist das Wissen um die Hauptaufgaben notwendig, die jeder Mitarbeiter erledigen muss.

Die **Hauptaufgaben** ...

• sind ansprechend, d. h. positiv zu formulieren,
• berücksichtigen Umgebungsbedingungen (z. B. Unternehmen, Markt),
• sollten – durch die Person selbst oder die Mitarbeiter – tatsächlich erreichbar sein,

• aller Teammitglieder müssen widerspruchsfrei sein, um Doppelarbeiten zu vermeiden. Gut abgestimmte Hauptaufgaben konzentrieren die Kräfte der Mitarbeiter auf ihre Arbeit.

Aus der Hauptaufgabe des Mitarbeiters resultieren die Prioritäten seiner täglichen Arbeitsgestaltung.

Eine Analyse der **Zeitverwendung von A-, B- und C-Aufgaben** (Abbildung 5) zeigt, dass der Wert der Tätigkeit nicht mit der tatsächlichen Zeitverwendung übereinstimmt. So liefern A-Aufgaben 65 % des Gesamtwertes (z. B. Umsatz) aller Aktivitäten, beanspruchen jedoch nur 15 % der (Arbeits-)Zeit. Diese Erkenntnis stimmt im Wesentlichen mit derjenigen des Pareto-Prinzips überein.

Das Vorgehen, die eigenen Aufgaben nach ihrer Priorität zu sortieren, sollte anhand der kleinsten überschaubaren Zeiteinheit geübt werden – der nächste Arbeitstag (siehe Kapitel B.II.3).

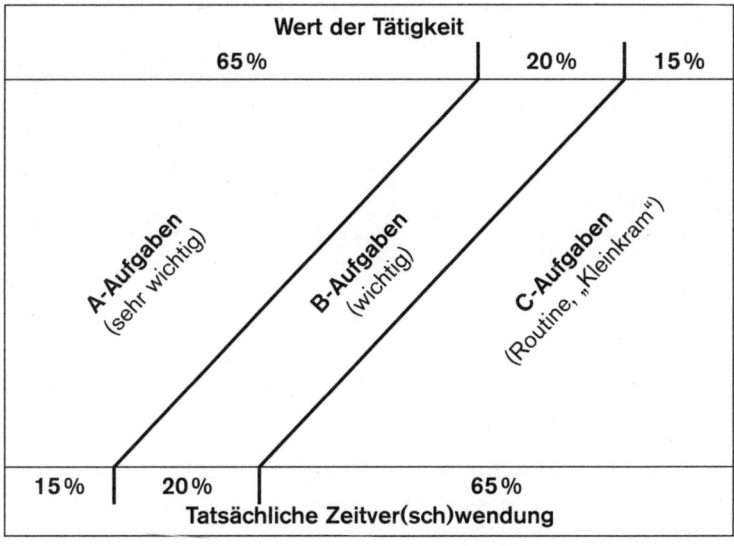

Abb. 5: Zeitanalyse von ABC-Aufgaben (www.lehridee.de Stichwort „Zeitmanagement").

II. Zeitmanagement

Die Zeit ist unser kostbarstes Gut. Sie vergeht, ob wir sie sinnvoll nutzen oder nicht. Wir können sie nicht sparen oder vermehren und wissen nicht, wie viel uns zur Verfügung steht. So ist es eine Frage der Selbstkompetenz, unsere Zeit selbstverantwortlich zu planen.

1. Einflussfaktoren

Der Umgang mit der Zeit ist lernbar. Der Lernvorgang beginnt mit der Kenntnis von Faktoren, die den Umgang mit der Zeit beeinflussen (Abbildung 6).

Die **„inneren Zeitdiebe"** (unsere Verhaltensmuster, mangelnde Disziplin, Planungsschwächen) sind erlernt und somit veränderbar.

Demgegenüber sind die **„äußeren Zeitdiebe"** (Kunden, Kollegen, Telefon...) kaum steuerbar. Sie dienen oft als Entschuldigung für zeitliches Fehlverhalten (Unpünktlichkeit, „nicht fertig werden").

Je nach der persönlichen Einstellung zur Zeit und dem – mehr oder weniger – konsequenten Umgang mit den Zeitfressern ist unser Zeitmanagement – mehr oder weniger – erfolgreich (Abbildung 7).

Erfolgreiches Zeitmanagement führt zu Harmonie im Privat- und Arbeitsleben, schenkt mehr Zeit für das Wesentliche und steigert die persönliche Zufriedenheit. Neben der richtigen Einstellung und konsequenten Verhaltensweise fördern geeignete Techniken den Erfolg des Zeitmanagements. Jedoch geht dem gezielten Einsatz der Techniken die Diagnose des eigenen Zeitmanagements voraus.

2. Diagnose des eigenen Umgangs mit der Zeit

Der Fragebogen zur Diagnose des eigenen Zeitmanagements mit dem Auswertungsschema (Abbildungen 8 und 9) und den Hinweisen zur Interpretation stammen von Wellhöfer (2004, S. 48–52).

Das Auswertungsschema (Abbildung 9) beinhaltet die Ergebniszeilen der **Zeitmanagement-Dimensionen**:
• Zeitnot
• Verhaltensmuster
• Disziplin

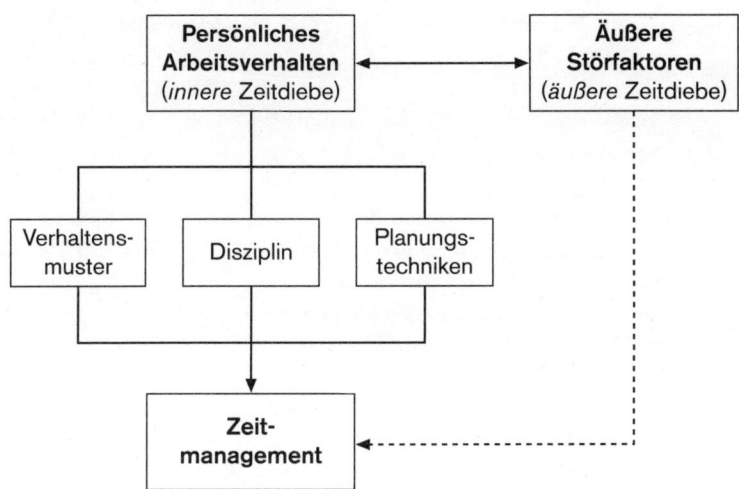

Abb. 6: Einflussfaktoren auf den Umgang mit der Zeit (in Anlehnung an Wellhöfer 2004, S. 47)

Abb. 7: Vorteile des erfolgreichen Zeitmanagements

Fragebogen zum eigenen Zeitmanagement

0 = trifft überhaupt nicht zu, 4 = trifft voll zu

1. Ich habe den Eindruck, die Zeit läuft mir davon. 0 – 1 – 2 – 3 – 4
2. Ich komme oft schon morgens müde und abge- 0 – 1 – 2 – 3 – 4
   spannt zur Arbeit.
3. Ich schiebe „lästige" Arbeiten gerne vor mir her. 0 – 1 – 2 – 3 – 4
4. Wenn mich jemand bittet, etwas für ihn zu erledigen, 0 – 1 – 2 – 3 – 4
   dann kann ich schlecht „nein" sagen.
5. Wenn man mich gleichzeitig von mehreren Seiten 0 – 1 – 2 – 3 – 4
   fordert, dann werde ich schnell nervös.
6. Wenn ich wichtige Entscheidungen treffen muss, 0 – 1 – 2 – 3 – 4
   dann fühle ich mich unsicher und überlege immer
   sehr lange hin und her.
7. Ich beginne oft eine Arbeit mit viel Schwung, habe 0 – 1 – 2 – 3 – 4
   dann aber Schwierigkeiten, sie zu Ende zu führen.
8. Manchmal vergesse ich einen vereinbarten Rückruf. 0 – 1 – 2 – 3 – 4
9. Ich beginne meinen Arbeitstag offen und ohne fes- 0 – 1 – 2 – 3 – 4
   te Planung.
10. Ich muss häufig noch Arbeiten erledigen, die ich 0 – 1 – 2 – 3 – 4
    für den Vortag geplant habe.
11. Die Tagesroutine lenkt mich häufig von wichtigen 0 – 1 – 2 – 3 – 4
    Dingen ab.
12. Ich versuche, möglichst viele Arbeiten selbst durch- 0 – 1 – 2 – 3 – 4
    zuführen.
13. Mein Privatleben leidet unter meiner beruflichen 0 – 1 – 2 – 3 – 4
    Belastung.
14. Durch meine Arbeit fühle ich mich häufig gereizt 0 – 1 – 2 – 3 – 4
    und überfordert.
15. Bei der Fülle meiner Aufgaben weiß ich oft nicht, 0 – 1 – 2 – 3 – 4
    wo ich zuerst anfangen soll und werde hektisch.
16. Vor wichtigen Entscheidungen drücke ich mich 0 – 1 – 2 – 3 – 4
    gern.
17. Zu meinen Terminen und Verabredungen komme 0 – 1 – 2 – 3 – 4
    ich meist etwas später.
18. Mein Büro/Arbeitsplatz hat eine „kreative" Unord- 0 – 1 – 2 – 3 – 4
    nung, in der nur ich mich zurechtfinde.

19. Mein Arbeitsablauf ist nicht rationell gestaltet. 0 – 1 – 2 – 3 – 4

20. Es fehlt mir die Zeit, alle anstehenden Arbeiten zu bewältigen. 0 – 1 – 2 – 3 – 4

21. Für meine Hobbys habe ich keine Zeit mehr. 0 – 1 – 2 – 3 – 4

22. Mit der eigenen Pünktlichkeit nehme ich es nicht so ernst. 0 – 1 – 2 – 3 – 4

23. Es ist mir schon passiert, dass ich Termine einfach vergessen habe.a 0 – 1 – 2 – 3 – 4

24. Schriftliche Tages- und Wochenpläne sind Zeitverschwendung. 0 – 1 – 2 – 3 – 4

25. Oft beschäftigen mich mehrere Arbeiten gleichzeitig. 0 – 1 – 2 – 3 – 4

26. Bevor ich etwas delegiere, mache ich es lieber selbst. 0 – 1 – 2 – 3 – 4

27. Unangenehme Telefonate verschiebe ich lieber auf später. 0 – 1 – 2 – 3 – 4

28. Ich lasse mir oft gegen meinen Willen Arbeiten zuschieben. 0 – 1 – 2 – 3 – 4

29. Wenn ich etwas angefangen habe, schließe ich es selten gleich ab. 0 – 1 – 2 – 3 – 4

30. Ich habe oft Mühe, Unterlagen zu finden. 0 – 1 – 2 – 3 – 4

31. Für anfallende Arbeiten plane ich zuwenig Zeit ein. 0 – 1 – 2 – 3 – 4

32. Ich erledige meine Arbeiten spontan. 0 – 1 – 2 – 3 – 4

33. Durch Kunden, Lieferanten oder andere „Gäste" werde ich oft bei meiner Arbeit gestört. 0 – 1 – 2 – 3 – 4

34. Vorgesetzte, Mitarbeiter oder Kollegen halten mich oft unnötig auf. 0 – 1 – 2 – 3 – 4

35. Das Telefon stört mich häufig. 0 – 1 – 2 – 3 – 4

36. Besprechungen/Sitzungen halten mich häufig von wichtigen Aufgaben ab. 0 – 1 – 2 – 3 – 4

37. Kontrolle und Gespräche mit unqualifizierten Mitarbeitern rauben mir die Zeit. 0 – 1 – 2 – 3 – 4

Abb. 8: Fragebogen zur Diagnose des eigenen Zeitmanagements (Wellhöfer 2004, S. 48 f.)

Dimension	Komponenten	Fragen	?
Zeitnot	1. Allgemeine Zeitprobleme	1, 20	
	2. Berufliche Belastung	13, 21	
	3. Stressbelastung	2, 14	
	Ergebnis *Zeitnot*	1, 2, 13, 14, 20, 21	
Verhaltensmuster	4. Aufschieben	3, 27	
	5. Nicht „Nein-Sagen-Können"	4, 28	
	6. Hektik	5, 15	
	7. Entscheidungsunsicherheit	6, 16	
	8. Arbeiten nicht zu Ende führen	7, 29	
	Ergebnis *Verhaltensmuster*	3 bis 7, 15, 16, 27 bis 29	
Disziplin	9. Unpünktlichkeit	17, 22	
	10. Chaos	18, 30	
	11. Terminschwäche	8, 23	
	Ergebnis *Disziplin*	8, 17, 18, 22, 23, 30	
Planungstechniken	12. Keine Planung	9, 24	
	13. Knappe Zeiteinteilung	10, 31	
	14. Keine Prioritäten setzen	11, 25	
	15. Spontane Organisation	19, 32	
	16. Delegieren – Zentrieren	12, 26	
	Ergebnis *Planungstechniken*	9 bis 12, 19, 24, 25, 26, 31, 32	
	17. Äußere Zeitdiebe	33 bis 37	

Abb. 9: Auswertungsschema zum Fragebogen (Wellhöfer 2004, S. 51)

• Planungstechniken und
• „äußere Zeitdiebe".

Die dimensionsspezifischen **Komponenten** (= Statementgruppen
1, 2, 3, . . .) liefern Ansatzpunkte, wo das Zeitmanagement ansetzen
sollte. Angesichts einer fehlenden Vergleichstichprobe ist die Interpretation lediglich qualitativ möglich.

Für jedes Statement gibt es maximal 4 Punkte. Entsprechend liegen
die maximalen Punktwerte in den Statementgruppen 1 bis 16 zwischen 0 und 8. Die Werte 7 und 8 sind dann auffallend hoch, das eigene Zeitmanagement entsprechend problematisch einzuschätzen.

Tendenziell gilt: Je größer die jeweilige Summe ist, desto proble-
matischer ist das Zeit- bzw. Selbstmanagement der Person einzuschätzen.

Die dimensionsspezifischen maximalen Punktzahlen und deren
Interpretation lauten wie folgt:

Ergebnis	Wertebereich	auffällig
Zeitnot	zwischen 0 und 24	20 bis 24 Punkte
Verhaltensmuster	zwischen 0 und 40	32 bis 40 Punkte
Disziplin	zwischen 0 und 24	20 bis 24 Punkte
Planungstechniken	zwischen 0 und 40	32 bis 40 Punkte
„äußere Zeitdiebe"	zwischen 0 und 20	17 bis 20 Punkte

Diese Befragung gibt erste grobe Anhaltspunkte, wo das eigene
Zeitmanagement Schwächen aufweist.

Um eine detaillierte Grundlage für die Zeitplanung schaffen zu
können, sollten die Ergebnisse noch um eine **Analyse des eigenen
konkreten Arbeitsverhaltens** ergänzt werden. Zu diesem Zweck
dient das in Abbildung 10 dargestellte Schema für die **Dokumenta-
tion des Tagesablaufs.**

Uhrzeit (Anfang/Ende)	Tätigkeit	Dauer in Minuten

Abb. 10: Tätigkeitsbeschreibung eines Arbeitstages (Stelzer-Rothe 2000,
S. 75)

Alles ist zu protokollieren: was von Beginn bis Ende des Arbeitstages zu tun war, private Telefonate, Pausen, Störungen, sportliche Aktivitäten, Mahlzeiten usw. Je genauer die Tätigkeiten protokolliert sind, umso eher werden Ansatzpunkte zur Verbesserung des Zeitmanagements gefunden.

Eine **quantitative Zeitanalyse** des Tagesablaufs benötigt Antworten der betroffenen Person beispielsweise auf folgende Fragen:

• Wie lang haben die einzelnen Tätigkeiten gedauert?
• Wann haben die Tätigkeiten im Tagesablauf stattgefunden?
• Gab es überflüssige Wegezeiten?
• Wie viel Pausen und Erholungszeiten hat sich die Person gegönnt?

Um sich einen Überblick der **eigenen Befindlichkeit** zu unterschiedlichen Zeiten zu verschaffen, sind z. B. folgende Fragestellungen hilfreich (Stelzer-Rothe 2000, S. 77):

• Wann war die Person zufrieden/nicht zufrieden und warum?
• Wann war die Konzentration besonders gut/weniger gut?
• Wann war die individuelle Fitness und Leistungsfähigkeit am besten/eher niedrig?

Im Hinblick auf mögliche **Brüche im Tagesablauf** ist z. B. relevant:

• Gab es Leerzeiten? Aus welchem Grund?
• Lagen Störungen vor? Wodurch wurden sie verursacht?
• Gab es Stressphasen? Wodurch verursacht? Wie sah die Reaktion darauf aus?

Diese und andere Zeitprotokolle (beispielsweise Wochenberichte mit den typischen Mustern der Tagesverläufe) dienen als Grundlage, um zukünftig besser zu planen. Entsprechende Methoden werden nun erörtert.

3. Tagesplanung

Wer am Vorabend den nächsten Tag schriftlich plant, entlastet sein Gedächtnis. Hierzu dient die A-L-P-E-N-Methode.

Die einfache Methode beansprucht nur acht Minuten Planungszeit und hilft so, Zeit für das „wirklich Wesentliche" zu gewinnen (vgl. www.lehridee.de, „Lernen und Lehren", Stichworte „Selbst- und Zeitmanagement").

Nach der **A-L-P-E-N-Methode** geschieht die Tagesplanung wie folgt (Seiwert 1993, S. 15):

(1) **A** lle Aufgaben, Aktivitäten und Termine aufschreiben.
(2) **L** änge der Aktivitäten abschätzen (Orientierungsrahmen).
(3) **P** ufferzeiten reservieren.
(4) **E** ntscheidungen treffen.
(5) **N** achkontrolle einplanen.

Für alle **schriftlich** fixierten Aufgaben, Aktivitäten und Termine wird der geschätzte Zeitbedarf erfasst (**Orientierungsrahmen**). Dieser ermöglicht dem Planenden, erheblich konzentrierter zu arbeiten. Derjenige, der sich für eine bestimmte Aufgabe auch eine bestimmte Zeit vorgibt, blockt eventuelle Störungen konsequenter ab.

In einem realistischen Tagesplan sind maximal 50 Prozent der Zeit fest verplant. Die andere Zeit ist reserviert als **Zeitpuffer** für unvorhergesehene Ereignisse wie Störungen, soziale Kommunikation, kreative Prozesse etc. (Wellhöfer 2004, S. 57). Die fest verplante Zeit sollte grundsätzlich nur das enthalten, was an diesem Tag wirklich erledigt werden muss – und realistisch erledigt werden kann.

Je mehr die gesetzten Ziele realistisch im Sinne von erreichbar sind, umso mehr konzentriert und mobilisiert der Mensch seine Kraft darauf, die Ziele zu erreichen. Anders ausgedrückt führen unrealistische Ziele zu Frustration und Entmutigung.

Abbildung 11 zeigt das Beispiel eines Tagesplanschemas.

Weiterhin sind **Entscheidungen** über Prioritäten, Kürzungsmöglichkeiten und Delegation zu treffen. Zweck dieses Schrittes ist, die Aktivitäten auf ein realistisches Maß zusammenzustreichen. So wird das verschoben oder gestrichen, was nicht mehr in den Plan passt.

Die letzten 5 bis 10 Minuten des Arbeitstages sind der **Nachkontrolle** vorbehalten, ob die gesetzten Ziele erreicht wurden. Tätigkeiten, die nicht geschafft wurden, kommen auf den nächsten Tagesplan und werden dort – wie die anderen auch – auf ihre Priorität überprüft.

<	Termine / Aufgaben	o. K.	✉	Tel.	Kontakte / privat	o. K.
08						
09						
10						
11						
12						
13						
14						
15						
16						
17						
18						
19						
20						
21						
22						

Tagesplan vom Tagesziel:

Abb. 11: Beispiel eines Tagesplanschemas (in Anlehnung an www.lehridee.de Stichwort „Zeitmanagement")

C. Kommunikationskompetenzen

I. Kommunikationsgrundlagen

Laut Duden ist der Begriff „Kommunikation" zurückzuführen auf die lateinischen Begriffe „communis" (übersetzt: „allen gemeinsam") und „communicare" (übersetzt: „gemeinschaftlich tun, einander mitteilen"). Damit Kommunikation zustande kommt, werden zwei Partner benötigt: der Sender und der Empfänger von Informationen.

Elemente eines **Kommunikationssystems** sind:

- der **Sender** (Kommunikator) als Quelle einer Information,
- die Aussage oder **Information**
  (begrenzte Folge von Zeichen, z. B. Buchstaben oder körpersprachliche Symbole, z. B. Kopfnicken),
- der **Übertragungskanal** einer Information,
  (natürliche und technische Kommunikationswege, z. B. Sprache, Fernsehen),
- der **Empfänger** (Rezipient) einer Information.

Die folgenden Ausführungen sind zunächst den theoretischen Grundlagen der Kommunikationsformen und -modelle gewidmet. Sie bilden die Basis zum Verständnis und gezielten Einsatz von verbalen und nonverbalen Kommunikationstechniken.

1. Kommunikationsformen

Jeder Kommunikationsvorgang hat seine spezifische Art der Übermittlung von Informationen. Charakteristisch für die Vorgänge sind die zugrunde liegenden **Kommunikationsformen** (Abbildung 12).

Für die **persönliche Kommunikation** ist der unmittelbare zwischenmenschliche Kontakt charakteristisch. Sie erfolgt „live, face to face" und ermöglicht den zweiseitigen Kommunikationsfluss (z. B. Mitarbeitergespräch).

Bei der unpersönlichen Kommunikation sind Sender und Empfänger raum-zeitlich getrennt. Sie übermittelt reproduzierbare Bot-

Kommunikations-merkmale	Kommunikationsformen (bipolare Ausprägungen)	
physische Präsenz der Kommunikations-partner	persönlich	unpersönlich
Zeichen- bzw. Symbolsystem	physisch (non-verbal)	Wort-, Schrift-, Bild-, Tonzeichen
Kommunikations-fluss (Feedback)	einseitig	zweiseitig
Machtverhältnisse/ hierarchische Über-/ Unterordnung	horizontal (auf einer Organisations-ebene)	vertikal (unterschiedliche Organisations-ebenen)
Einbeziehung tech-nischer Hilfsmittel	unvermittelt	vermittelt
Einbeziehung intervenierender Instanzen/Mittler	einstufig (ohne Mittler)	mehrstufig (Meinungsführer, Gruppensprecher)
Einbeziehung von Kommunikations-partnern	intrapersonal (Selbst-gespräch)	interpersonal (mit Partnern)

Abb. 12: Abgrenzung von Kommunikationsformen (vgl. Stender-Monhemius 1999, S. 2 f.)

schaften einseitig, gibt also keine Rückkopplungsmöglichkeit. So-wohl die unpersönliche als auch die einseitige Kommunikation kennzeichnen die Mediawerbung. Da es keinen zum Absender zurückführenden Kommunikationskanal gibt, kann der Adressat auch kein Feedback geben.

Hierin unterscheidet sich die einseitige ganz wesentlich von der **zweiseitigen Kommunikation**. Denn diese ermöglicht die sofortige Rückkopplung (Interaktion) zwischen den Kommunikationspart-nern. Die zweiseitige Kommunikation kann weiterhin persönlich (Gespräch) oder unpersönlich (Telefongespräch) gestaltet werden.

Generell können Botschaften anhand von Wort-, Schrift-, Ton- und/oder Bildzeichen verschlüsselt werden, letztere Zeichen auch noch bewegt (z. B. Video) oder unbewegt (z. B. bebilderte Werbeanzeige). Ergebnis solcher verschlüsselten Botschaften sind entweder Gespräche oder Kommunikationsmittel (Prospekt, Werbebrief, Funkspot etc.), die über entsprechende Werbeträger geschaltet werden (z. B. Zeitschrift, TV, Plakatwand).

Machtverhältnisse zeigen sich bei der **vertikalen Kommunikation**, wenn eine hierarchische Über- beziehungsweise Unterordnung zwischen den Gesprächspartnern besteht (z. B. Abteilungsleiter und Sachbearbeiter).

Bei der **horizontalen Kommunikation** zwischen Gesprächspartnern derselben Hierarchieebene (z. B. Produktmanager der Produktgruppen A und B) empfinden sich diese als ebenbürtig im Sinne von gleich mächtig.

Kommunikation ist unvermittelt, wenn sie ohne technische Hilfsmittel geschieht. Sie ist vermittelt oder verstärkt durch ein Medium (z. B. Zeitung, Flipchart, Lautsprecher).

Bei der einstufigen, direkten Kommunikation besteht zwischen Sender und Empfänger der Botschaft eine unmittelbare Kommunikationsbeziehung.

Demgegenüber sind bei der mehrstufigen, indirekten Kommunikation zwischen Gesprächspartnern intervenierende Instanzen zwischengeschaltet (z. B. Meinungsführer, Gruppensprecher).

Physische beziehungsweise **nonverbale Kommunikation** bezieht sich auf Personen und Gegenstände. Letztere bestehen aus Form- und Stoffzeichen (z. B. Produkt, Schaufenster, Messestand) und vermitteln nonverbal eine Botschaft. Personen, die sich ihrer Körpersprache (Gesichtsausdruck, Körperhaltung und -bewegung) bedienen, kommunizieren nonverbal. Sie senden Körpersignale ab, die ihr Gegenüber deutet und entsprechend reagiert.

Abbildung 13 zeigt Körpersignale und deren Bedeutung im Überblick.

Anhand der dargestellten Kommunikationsformen lässt sich beispielsweise ein **Mitarbeitergespräch** folgendermaßen charakterisieren:

- persönlich (live, face to face)
- interpersonal (zwischen dem Vorgesetzten und Mitarbeiter)
- nonverbal (Einsatz von Gesichtsausdruck, Körperhaltung, Bewegung auf beiden Seiten)

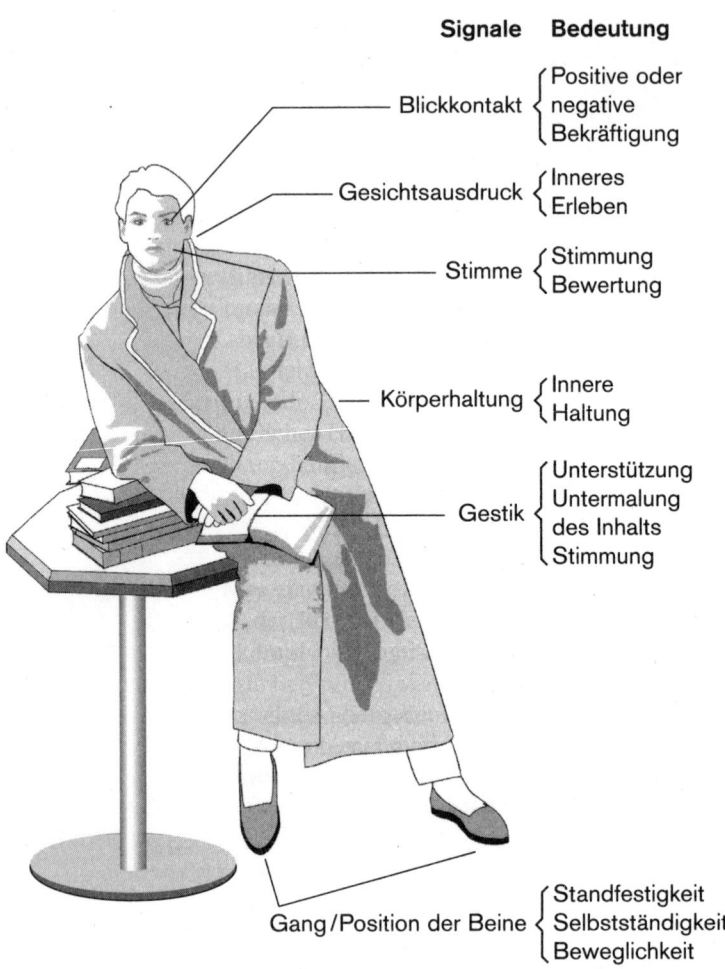

Signale	Bedeutung

Blickkontakt ⎰ Positive oder
negative
Bekräftigung

Gesichtsausdruck ⎰ Inneres
Erleben

Stimme ⎰ Stimmung
Bewertung

Körperhaltung ⎰ Innere
Haltung

Gestik ⎰ Unterstützung
Untermalung
des Inhalts
Stimmung

Gang/Position der Beine ⎰ Standfestigkeit
Selbstständigkeit
Beweglichkeit

Abb. 13: Körpersignale und ihre Bedeutung (Quelle: Gérard/Gérard 2001, S. 34)

- verbal (Wort- und Tonzeichen)
- zweiseitig (mit Rückkopplung, d. h.: Vorgesetzter und Mitarbeiter können ihre Rollen als Sender und Empfänger tauschen)
- vertikal (der Vorgesetzte ist mächtiger als der Mitarbeiter)
- einstufig (ohne intervenierende Instanz)
- unvermittelt (in der Regel ohne technische Hilfsmittel).

Eine **Besprechung** lässt sich analog zum Mitarbeitergespräch kennzeichnen als persönlich, zweiseitig, vertikal, mit nonverbaler und verbaler Botschaftsgestaltung. Anders als das Mitarbeitergespräch ist die Besprechung

- interpersonal (zwischen dem Vorgesetzten und mindestens einem, oft mehreren Mitarbeitern)
- mehrstufig (Mitarbeiter fungieren als Meinungsführer und/oder Gruppensprecher)
- vermittelt (Einsatz technischer Hilfsmittel, z. B. Flipchart, Tageslichtprojektor, Beamer).

2. Zur Analyse des Kommunikationsverhaltens

2.1 Kommunikationsprozess

Beim **Kommunikationsprozess** verschlüsselt (**codiert**) der Sender seine Information und sendet diese Signale über einen Kanal an den Empfänger, der die Signale entschlüsselt (**decodiert**). Damit sich die Kommunikationspartner **verständigen** können, benötigen sie Zeichen und Symbole, denen sie die gleiche Bedeutung beimessen (Abbildung 14).

Die Kommunikationspartner müssen die gleiche Sprache beherrschen oder ein gemeinsames Verständnis bestimmter Gesten – zum Beispiel Handschlag oder Kopfneigung – haben.

Die Ansprüche an einen „gelungenen" Kommunikationsprozess sind hoch und schwer zu erfüllen. Gründe möglicher Kommunikationsstörungen resultieren beispielsweise aus den unterschiedlichen Zeichenvorräten der Gesprächspartner (unterschiedliche Sprachen, Kulturen) und entsprechenden Missverständnissen, wenn die Partner „aneinander vorbeireden" oder sich schlicht nicht verständigen können, weder verbal noch nonverbal.

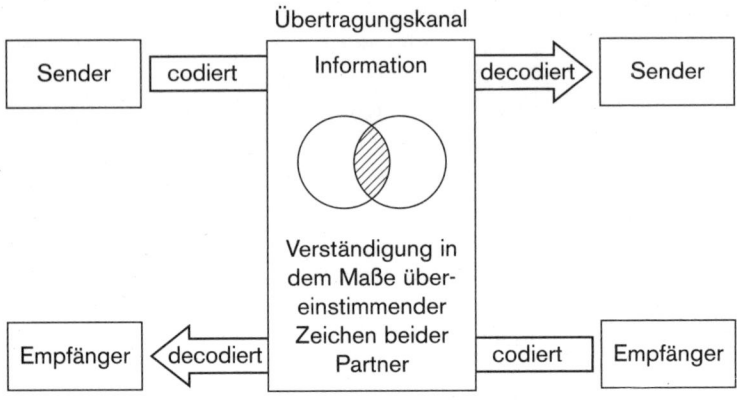

Abb. 14: Kommunikationsprozess (Simon 2004, S. 17)

2.2 Vier-Ebenen-Modell nach Schulz von Thun

Das Vier-Ebenen-Modell wurde von Friedemann Schulz von Thun entwickelt. Schulz von Thun ist Hochschullehrer an der Universität Hamburg. Aus der Auseinandersetzung mit individualpsychologischen, humanistischen und systemischen Schulrichtungen und aus den praktischen Kurserfahrungen mit Lehrern und Führungskräften entstand in den 1970er Jahren das grundlegende Kommunikationsmodell mit den vier Arten von Botschaften (www.schulz-von-thun.de/vita.html).

Zentrale Aussage des Vier-Ebenen-Modells ist, dass ein- und dieselbe **Botschaft auf vier unterschiedlichen Ebenen** verstanden werden kann, und zwar auf der

- Sachebene
- Selbstoffenbarungsebene
- Beziehungsebene
- Appellebene.

Auf der **Sachebene** („**worüber ich informiere**") werden Sachinformationen kommuniziert. Dies geschieht, indem beispielsweise Fakten genannt oder Probleme angesprochen werden. Damit die Sachbotschaft wunschgemäß beim Empfänger ankommen kann, sollte die Aussage einfach aufgebaut sowie akustisch und inhaltlich verständlich formuliert sein. Außerdem sind emotionale Spannungen zu vermeiden, die zur Unsachlichkeit führen.

Über die **Selbstoffenbarungsebene** (**„was ich von mir selbst kundgebe"**) teilt jeder Sender verbal oder nonverbal Informationen über seine eigene Persönlichkeit mit. Dies kann unbewusst oder bewusst geschehen. Für Letzteres gibt es folgende Techniken:

* Mit Imponiertechniken möchte sich der Sender von seiner besten Seite zeigen.

* Anhand von Selbstverkleinerungstechniken stellt der Sender das eigene Licht unter den Scheffel. Er stellt sich als klein, hilflos, schwächlich und wertlos dar.

* Fassadentechniken sollen eigene, negativ empfundene Eigenschaften verbergen oder tarnen.

Auf der **Beziehungsebene** (**„was ich von dir halte, wie wir zueinander stehen"**) offenbart der Sender durch die Art der formulierten Nachricht, den Tonfall, die Mimik und Gestik eine bestimmte Beziehung zum Empfänger. Die Botschaft dieser Ebene beinhaltet, was der Sender vom Empfänger hält und auch, wie der Sender die Beziehung zwischen sich und dem Empfänger sieht.

Zur Kommunikationsdiagnostik auf der Beziehungsebene dient das in Abbildung 15 dargestellte **Verhaltenskreuz** (Schulz von Thun 1998). Den Erkenntnissen empirischer Studien folgend unterscheiden sich Vorgesetzte im Umgang mit ihren Mitarbeitern in zwei Merkmalen, deren Kombination das Verhaltenskreuz bestimmt:

Erste Dimension – **Wertschätzung versus Geringschätzung:** Die Wertschätzung des Gesprächspartners kommt beispielsweise in der Höflichkeit und dem gezeigten Taktgefühl des Senders gegenüber dem Empfänger zum Ausdruck.

Die Gesichter der Geringschätzung des Gesprächspartners sind vielfältig, beispielsweise: abweisendes Verhalten; Demütigung; den anderen nicht ernst nehmen oder ihn lächerlich machen.

Zweite Dimension – **starke oder schwache Lenkung/Bevormundung:** Eine stark lenkende Bevormundung zeigt sich darin, wenn der Sender den Empfänger durch Anweisungen, Fragen, Vorschriften und Verbote unter den eigenen Einfluss bringen möchte. Ein hohes Maß an Lenkung kann Widerstand auf Empfängerseite hervor-

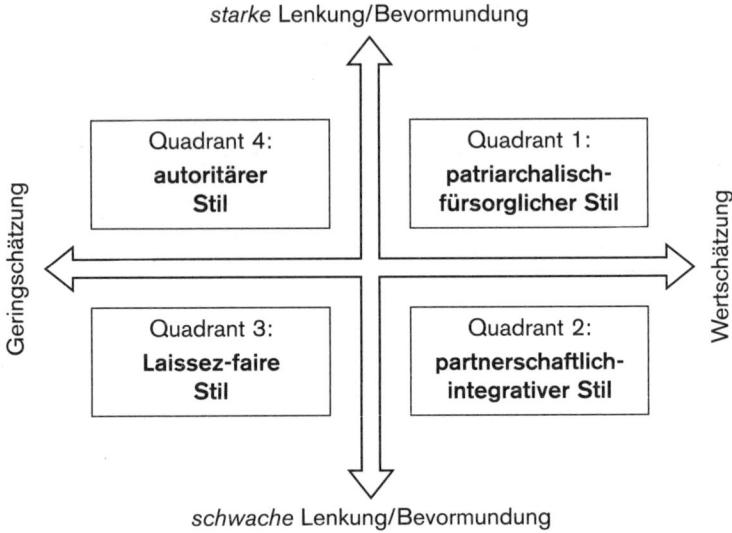

Abb. 15: Führungsstile im Verhaltenskreuz (Schulz von Thun 1998)

rufen, den der Sender unterdrückt. Diese Dimension ist schwach ausgeprägt, wenn der Sender einer Botschaft dem anderen Selbstständigkeit und eigenen Entscheidungsspielraum einräumt.

Die möglichen Verhaltensweisen des Senders bzw. Vorgesetzten sind im Verhaltenskreuz anhand der vier Quadranten ablesbar.

Quadrant 1: Der **patriarchalisch-fürsorgliche Stil** einer Führungskraft äußert sich in der Wertschätzung und persönlichen Zuwendung gegenüber dem anderen. Allerdings verhält sich diese Person zugleich lenkend, bevormundend und kontrollierend.

Quadrant 2: Einen **partnerschaftlich-sozialintegrativen Stil** zeigt jemand, der seinen Mitarbeiter als vollwertigen Partner ansieht und ihn nicht durch Vorschriften einengt.

Quadrant 3: Der Vorgesetzte mit **Laissez-faire-Stil** missachtet den anderen und zeigt ihm seine Abneigung. Er lenkt, kontrolliert und bevormundet kaum. Der Mitarbeiter kann machen, was er will.

Quadrant 4: Ein **autoritärer** Chef verhält sich stark dominierend und einengend. Er behandelt seine Mitarbeiter geringschätzig.

Aus Sicht des Vorgesetzten ist es ein „Kunststück", seine Aussage auf Beziehungsebene so zu formulieren, dass sie das gewünschte Ergebnis bringt, ohne bevormundend oder geringschätzig zu klingen. Der partnerschaftlich-sozialintegrative Führungsstil kommt diesem Anspruch am nächsten.

Auf der **Appellebene („wozu ich dich veranlassen möchte")** möchte der Sender den Empfänger dazu bringen, bestimmte Dinge zu tun oder zu unterlassen, zu denken oder zu fühlen. Insbesondere diese Ebene bemühen Vorgesetzte, wenn sie Mitarbeiter zu einem bestimmten Verhalten bewegen wollen.

Man unterscheidet
- offene Appelle, wenn Wünsche oder Aufforderungen direkt und offen kommuniziert werden,
- verdeckte Appelle, wonach der Sender ein bestimmtes emotionales Klima erzeugt, so dass der Empfänger wunschgemäß reagiert,
- paradoxe Appelle, indem der Sender an das Gegenteil dessen appelliert, was er beim Empfänger erreichen möchte. So wird berücksichtigt, dass der Sender mit einem Appell Druck aufbaut und der Empfänger den Appell nicht befolgt, um seine Unabhängigkeit und Größe zu beweisen.

Annahmen des Modells sind, dass
- die vier Ebenen gleichrangig sind,
- jede Ebene explizite und implizite Botschaften beinhalten kann,
- die eigentliche Botschaft oft implizit gesendet wird (gegebenenfalls über den nonverbalen Kanal).

Der Empfänger einer Botschaft wählt, auf welche Ebene er reagiert. Die **Empfangsbereitschaft für eine Ebene** kann besonders ausgeprägt sein, und zwar ganz unabhängig von der Aussage.

So nimmt ein Mensch mit **„Beziehungsohr"** prinzipiell alles persönlich, auch eine beziehungsneutrale Nachricht. Er fühlt sich leicht angegriffen und beleidigt, beachtet sachliche Argumente kaum und verlagert das Gespräch immer wieder auf die Beziehungsebene.

Menschen mit einem **„Selbstoffenbarungsohr"** sind besonders zuhöraktiv, denn sie möchten schnell erkennen, was mit dem Gesprächspartner los ist. Sie beziehen auch verletzende Botschaften nicht auf sich, sondern erklären diese mit der Person des Gesprächspartners.

Allerdings geraten Menschen mit Selbstoffenbarungsohr leicht in Gefahr zu psychologisieren. Ihr (ausschließlich) diagnostisches Ohr möchte auch bei reinen Sachaussagen „entlarven", welche psychische treibende Kraft dahinter steckt, ohne das Gesagte sachlich zu würdigen.

Hört der Mensch schwerpunktmäßig auf dem „**Appell-Ohr**", dann möchte er es allen recht machen. Er ist darauf erpicht, die unausgesprochenen Wünsche anderer zu erfüllen und stellt eigene Wünsche oder Bedürfnisse hintenan.

Dominiert das „**Sach-Ohr**", so prüft der Mensch die Botschaft hinsichtlich ihres sachlichen Inhalts. Allerdings vernachlässigt er die anderen wichtigen Aspekte der Botschaft. Er versteht oft nicht, warum es den anderen nicht um die Sache geht. Dies wird vor allem dann problematisch, wenn es sich um zwischenmenschliche Probleme handelt (beispielsweise auf Beziehungsebene). Diese werden vom Sachinhalt dominiert und können nicht bearbeitet werden.

Gemeintes und Verstandenes unterscheiden sich häufig. Die Beispiele in den Abbildungen 16a und 16b zeigen, wie sehr gesendete und empfangene Nachricht voneinander abweichen können.

Um dieses Problem zu lösen, müssen sich Sender und Empfänger von Botschaften die vier Ebenen vergegenwärtigen. Sie sollten in der Lage sein, ihr „Ohr" (z. B. „Beziehungsohr") zu kennen und das Kommunikationsverhalten anzupassen. So kann es z. B. sinnvoll sein, sein „Sach-Ohr" zu stärken, indem sich die Person mehr mit dem sachlichen Inhalt einer Botschaft beschäftigt – und dafür ihr „Beziehungsohr", das alles persönlich nimmt, verstärkt „auf Durchzug" stellt.

2.3 Kommunikationsregeln nach Watzlawick

Der Kommunikations- und Sozialpsychologe Paul Watzlawick hat fünf Kommunikationsregeln aufgestellt, die einerseits bei der Gesprächsführung behilflich sind. Andererseits liefern sie Ansatzpunkte, um Kommunikationsstörungen erkennen und vermeiden zu können.

Sachebene

Mann:
Da ist eine Ampel. Die Ampel ist grün. Man kann ohne Gefahr fahren.

Frau:
–

Selbstoffenbarungsebene

Mann:
Ich habe es eilig. Ich weiß wie man fährt!

Frau:
Ich weiß wie man fährt! Ich entscheide, wie schnell ich fahre!

Nachricht

Mann:
„Da vorne ist grün."

Frau:
„Fahre ich oder Du?"

Appellebene

Mann:
Fahr schon! Fahr schneller! Nun fahr doch endlich!

Frau:
Halt den Mund!

Beziehungsebene

Mann:
Du brauchst mich zum Fahren. Ich weiß es besser.

Frau:
Du behandelst mich wie eine Idiotin. Du bist ein Idiot. Du kannst aussteigen.

Abb. 16 a: Beispiel zum Vier-Ohren-Modell (Schulz von Thun 1998)

Sachebene
- Ich brauche die Tagesordnung.
- Ich kann sie nicht finden.

Appellebene
- Her damit!
- Helfen sie mir!

Nachricht

Chef zur Sekretärin:
„Ich brauche die Tagesordnung. Ich kann sie nicht finden"

Selbstoffenbarungsebene
- Ich gebe hier die Anordnungen.
- Ich bin hilflos.

Beziehungsebene
- Sie haben die Tagesordnung bestimmt verlegt.
- Ich brauche Sie.

Abb. 16 b: Beispiel zum Vier-Ohren-Modell

Kommunikationsregel Nr. 1: **Es ist unmöglich, nicht zu kommunizieren.**

„Verhalten hat vor allem eine Eigenschaft, die so grundlegend ist, dass sie oft übersehen wird: Verhalten hat kein Gegenteil. Man kann sich nicht nicht verhalten. Wenn man also akzeptiert, dass alles Verhalten in einer zwischenmenschlichen Situation Mitteilungscharakter hat, d. h. Kommunikation ist, so folgt daraus, dass man, wie immer man es auch versuchen mag, nicht nicht kommunizieren kann. Handeln oder Nichthandeln, Worte oder Schweigen haben alle Mitteilungscharakter: Sie beeinflussen andere, und diese anderen können ihrerseits nicht nicht auf diese Kommunikation reagieren und kommunizieren damit selbst." (Watzlawick 1969, S. 51).

Jeder der Gesprächspartner ordnet das Verhalten seines Gegenübers ein und interpretiert es. Die **Körpersprache** allein **reicht aus**, um beispielsweise mitzuteilen, dass der eine von dem anderen nichts wissen und ihm auch nichts mitteilen möchte. Im Gegensatz dazu kann das rein körpersprachlich demonstrierte Interesse am Kommunikationspartner diesen dazu veranlassen, „sein Herz auszuschütten". Gesten wie ein zustimmendes Nicken oder der mitfühlende Blick können dann möglicherweise mehr bewirken als viele Worte.

Kommunikationsregel Nr. 2: Jede Kommunikation hat einen **Inhalts- und** einen **Beziehungsaspekt.**

Inhaltlich werden Informationen zur Sache geliefert. Die Beziehungsebene gibt Informationen über das persönliche Verhältnis der Partner. Der **Beziehungsaspekt dominiert** den inhaltlichen.

Kommunikationsregel Nr. 3: Die Beziehung ist durch die **Interpunktion der Ereignisfolge** beziehungsweise Kommunikationsabläufe bedingt.

Jeder Partner setzt für den Beginn eines Kommunikationsablaufs einen **eigenen Anfangspunkt** (= Interpunktion).

So bekommt jede Kommunikation ihre individuelle Struktur. Wenn zwei Partner sich streiten, setzt jeder der beiden seinen eigenen Anfangspunkt und wirft dem anderen vor, er habe mit dem Streit begonnen. Jeder sieht im anderen die Ursache für das eigene Verhalten. Ein Beispiel hierzu enthält Abbildung 17.

Mitarbeiter A und B sind zerstritten und führen deshalb mit ihrem

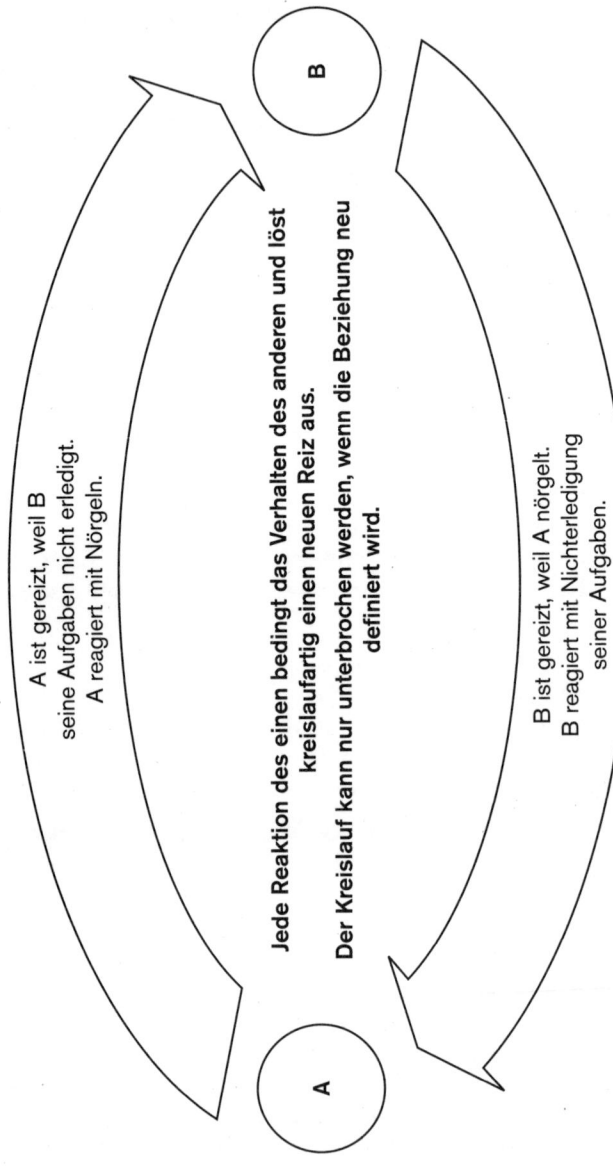

Abb. 17: Beispiel zur Interpunktion der Ereignisfolge (Simon 2004)

Vorgesetzten ein Gespräch (Beispiel von Simon 2004, S. 27). A kritisiert an B, dass sich dieser vor seinen Aufgaben drücke, weshalb A die Aufgaben von B zusätzlich bearbeiten müsse. B führt die ständige Nörgelei und Schikane von A als Argument an, warum er seine Aufgaben nicht erledigen könne.

So gesehen hat die Kommunikation keinen Anfang, kein Ende und verläuft kreisförmig: Beide interpretieren das eigene Verhalten als Reaktion auf das Verhalten des anderen, aber nicht als Ursache. Sie sind nicht in der Lage, über die Art und Weise ihrer Kommunikation zu sprechen. Dies könnte jedoch die Interpunktion der Ereignisfolge verändern.

Kommunikationsregel Nr. 4: **Zwischenmenschliche Kommunikation** kann in digitaler Form (d. h.: genau zu bezeichnen, eindeutig) oder in analoger Form (d. h.: ungefähr, ähnlich) erfolgen.

Digitale Informationen (z. B. Begriffe „Haus", „Auto") können die Kommunikationspartner klar deuten. Dies ist bei der **analogen Kommunikation** nicht der Fall. Beispielsweise sind nonverbale Zeichen (Mimik, Gebärde, Blick) und die paraverbale Kommunikation (Tonfall, Sprachstil) auf unterschiedliche Weise interpretierbar. So kann ein Lächeln Sympathie und Zufriedenheit, aber auch Verachtung oder Ironie bedeuten. Das Lächeln drückt also den zugrunde liegenden Gefühlszustand nur ungefähr beziehungsweise analog aus. Wird das Gefühl sprachlich geäußert (z. B.: „Ich freue mich"), dann ist das Lächeln positiv – im Sinne von Sympathie oder Zufriedenheit – deutbar.

Kommunikationsregel Nr. 5: Kommunikation verläuft **symmetrisch** oder **komplementär.**

Der Kommunikationsverlauf hängt davon ab, ob die Beziehung der Gesprächspartner auf Gleichheit oder Unterschiedlichkeit beruht.

Bei einer **symmetrischen Beziehung** sind die Kommunikationspartner gleichrangig oder darum bemüht, die Rangunterschiede zu verringern. Dies trifft beispielsweise für zwei Abteilungsleiter eines Unternehmens zu, die sich angesichts ihres gleichen Rangs im beruflichen Umfeld auf „Augenhöhe" begegnen, oder für zwei Akademiker, die ein Gespräch „auf der gleichen Wellenlänge" führen und sich – mit Blick auf ihren sozialen Status – gegenseitig respektieren.

Charakteristisch für die **komplementäre Beziehung** ist, dass sich die Verhaltensweisen der Kommunikationspartner ergänzen. Dies ist beispielsweise der Fall, wenn ein Vorgesetzter seinem Mitarbeiter dessen Aufgabe erläutert, dieser zuhört und anschließend Verständnisfragen stellt. Der berufliche Rangunterschied spiegelt sich im Kommunikationsverhalten wider.

2.4 Transaktionsanalyse nach Berne und Harris

Die **Transaktionsanalyse** ist eine von Eric Berne und seinem Schüler Thomas Harris entwickelte Analyse, die es erlaubt, ein intellektuelles und emotionales **Verständnis für eigenes Handeln und das Handeln anderer** zu erlangen.

Die Transaktionsanalyse setzt sich aus **vier Teilen** zusammen:

- Strukturanalyse
- Transaktionale Analyse
- Analyse der psychologischen Spiele
- Analyse der Grundeinstellungen.

Nach Ansicht von Berne zeichnet das Gehirn wie ein Tonband Erlebnisse und Gefühle exakt auf. Diese werden als Erinnerungen durch bestimmte Reize wieder abgerufen.

Das „Tonband" funktioniert gewissermaßen doppelspurig: eine Spur für die Ereignisse und eine Spur für die dabei empfundenen Gefühle. Diese Tonbandspuren werden anhand der **Strukturanalyse** zergliedert, um die Verhaltensweisen des Menschen zu analysieren. Solche Verhaltensweisen werden in der Transaktionsanalyse als Ich-Zustände bezeichnet.

Ich-Zustände sind Bewusstseinszustände und die damit verbundenen Verhaltensmuster, die sich aus Normen, Erfahrungen und Gefühlen ergeben. Die Ich-Zustände dienen als Erklärungsmodell für die Persönlichkeit.

Dem Ansatz von Berne folgend hat jeder Mensch drei Ich-Zustände in sich, die sein Denken, Fühlen und Handeln beeinflussen: das Eltern-Ich, das Erwachsenen-Ich und das Kind-Ich (Abbildung 18).

„Man kann sich aus jedem dieser Ich-Zustände verhalten.

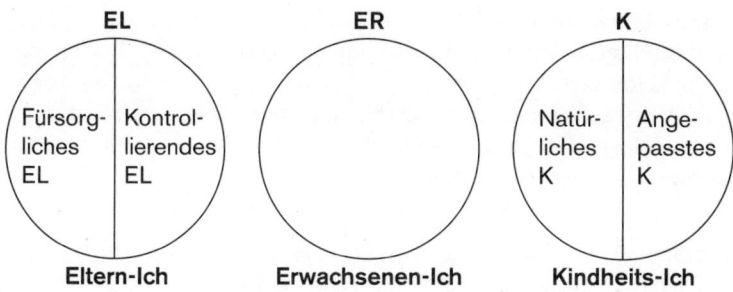

Abb. 18: Die drei Ich-Zustände der Transaktionanalyse (vgl. Berne 2003)

- Wenn man aus dem **Eltern-Ich** reagiert, verhält man sich gegenüber einem anderen so, wie es Eltern gegenüber einem Kind tun würden.
- Aus dem **Erwachsenen-Ich** handelt man, wenn die Reaktionen begründet und überlegt sind.
- Verhält man sich aus dem **Kind-Ich,** dann reagiert man gegenüber anderen so, wie das Kinder gegenüber Erwachsenen tun." (Rüttinger 1996, S. 19).

Das **Eltern-Ich** besteht aus Einstellungen und Verhaltensweisen, die von Vorbildern – insbesondere den elterlichen Bezugspersonen – übernommen wurden. Es sind Aufzeichnungen tatsächlicher Erfahrungen, die sich zum größten Teil innerhalb der ersten fünf Lebensjahre abgespielt haben. Die Bezugspersonen können

- fürsorglich-unterstützend und/oder
- kritisch-kontrollierend

erlebt worden sein.

Das unterstützende Eltern-Ich versorgt den Menschen mit Normen, die ihn vor Schaden bewahren. Dadurch kann allerdings das Sammeln eigener Erfahrungen erschwert und blockiert werden.

Das kritische Eltern-Ich ist vergangenheitsorientiert und beschäftigt sich lieber mit dem, was hätte sein sollen, als mit dem, was ist. Es ist ein schlechter Problemlöser, denn es ist wichtiger und befriedigender, den Schuldigen zu finden.

Wesentliche Kennzeichen der beiden Eltern-Ichs sind Abbildung 19 zu entnehmen.

Das **Erwachsenen-Ich** ist gegenwartsbezogen, anpassungsfähig und intelligent. Es prüft die gesammelten Daten und trifft sachliche Entscheidungen.

Das Erwachsenen-Ich ist vom Alter unabhängig. Es stellt sachliche Fragen und schätzt Wahrscheinlichkeiten, um dann informationsgestützt rationale Entscheidungen treffen zu können.

	Eltern-Ich	
Entstehung	von Bezugspersonen als Kind übernommene Prinzipien und damit verbundene Reaktionen und Verhaltensweisen	
	fürsorglich	**kritisch**
Sprache	• „dürfen", „können" positiv wertend: „gut", „schön" • Redewendung: „Ich versuche, das für Sie zu erledigen".	• „müssen", „sollen" negativ wertend: „schlecht", „lächerlich" • Verallgemeinerungen: „immer", „überhaupt" • bohrender Fragestil • Fach-/Fremdwörter, die Partner nicht kennt
Stimme	• ruhig • einfühlend	• sehr laut oder leise • kritisch, von oben herab
Mimik, Gestik	• volle Zuwendung • Arm um die Schulter • Distanz vermindernd • Lächeln	• erhobener Zeigefinger • gerunzelte Stirn, hochgez. Augenbrauen • mit Blicken strafen
Haltung	• verständnisvoll • besorgt • gebend	• schulmeisterlich • verurteilend • autoritär

Abb. 19: Kennzeichen des unterstützenden und kritischen Eltern-Ichs (vgl. Rüttinger 1996, S. 19 f.)

Seinen Ausdruck findet das Erwachsenen-Ich in der verbalen und nonverbalen Körpersprache sowie einer grundsätzlich aufrechten Haltung seiner Persönlichkeit (Abbildung 20).

Das **Kind-Ich** äußert sich in Verhaltensweisen, die Kinder zeigen. Kinder können natürlich oder angepasst reagieren. Analog zu den kindlichen Reaktionen unterscheidet man das natürliche und angepasste Kind-Ich (Abbildung 21).

	Erwachsenen-Ich
Entstehung:	Beim Heranwachsen zunehmend rationale Auseinandersetzung und Ziehen von überprüften Konsequenzen aus gemachten Erfahrungen
Sprache	• wertfrei • klar, ohne Nebenbedeutungen und Unterstellungen, ohne Angriffe, Drohungen etc. • stellt Fragen: wie, was, wann, wo, weshalb, warum • typische Redewendungen: „Wenn wir so vorgehen, sparen wir Kosten." „Ich kann Ihnen einen Kompromiss anbieten …"
Stimme	• ruhig • klar
Mimik, Gestik	• nachdenklich, abwägend, konzentriert • offen • volle Zuwendung und Aufmerksamkeit
Haltung	• aufrecht, geradlinig • Überprüfung von Fakten

Abb. 20: Kennzeichen des Erwachsenen-Ichs (vgl. Rüttinger 1996, S. 22)

	Kind-Ich	
Entstehung:	gefühlsmäßige Reaktionen auf äußere Ereignisse	
	natürlich	**angepasst**
Sprache	• Ausdruck von Freude, Angst, Rebellion • „toll", „schrecklich", „cool" • Schimpfwörter	• „kann nicht", „darf nicht" • „möchte gerne, aber …" • „würde sagen" • übertrieben höflich und unterordnungsbereit
Stimme	• laut, energisch • wütend, trotzig	• leise, kleinlaut • weinerlich
Mimik	• locker	• traurig
Gestik	• ungezwungen • unkontrolliert • spontan	• unterwürfig • vermeidet Blickkontakt • entschuldigend
Haltung	• neugierig • möchte Spaß haben • übertrieben	• mit allem einverstanden • sich verteidigend • Verlierer-Haltung

Abb. 21: Kennzeichen des natürlichen und angepassten Kind-Ichs (vgl. Rüttinger 1996, S. 24)

Das natürliche Kind-Ich offenbart sich in impulsiven Gefühlen, die unkontrolliert und unzensiert geäußert werden. Demgegenüber versucht das angepasste Kind-Ich, nicht aufzufallen und die Erwartungen anderer zu erfüllen.

Transaktionale Analyse: Als Transaktion wird der Austausch zwischen den Ich-Zuständen zweier oder mehrerer Personen bezeichnet. Die Transaktion ist die Grundeinheit der Kommunikation, die aus einem **Reiz** (z. B. Äußerung einer Person) und einer **Reaktion** (z. B. Antwort der angesprochenen Person) besteht.

Eine Unterhaltung beinhaltet eine Serie miteinander verbundener Transaktionen. Derjenige, der eine Transaktion in Gang setzt oder auf einen Reiz reagiert, hat ganz unterschiedliche Möglichkeiten hinsichtlich des Ich-Zustandes, den er beim anderen ansprechen möchte (Rüttinger 1996, S. 42).

Es gibt **drei Arten von Transaktionen:**
- Parallel- oder Komplementär-Transaktionen
- Überkreuz-Transaktionen
- verdeckte Transaktionen.

Eine **Parallel-Transaktion** liegt vor, wenn ein Reiz, der von einem bestimmten Ich-Zustand ausgeht, die erwartete (Komplementär-) Reaktion beim angesprochenen Ich-Zustand des Gesprächspartners hervorruft. Dabei ist es egal, zwischen welchen Ich-Zuständen die Transaktion abläuft. Abbildung 22 zeigt Beispiele.

Es lässt sich folgende **erste Kommunikationsregel** der Transaktionsanalyse formulieren:

Kommunikation verläuft reibungslos, solange Transaktionen ihren Komplementärcharakter bewahren (Berne 2003).

Charakteristisch für die **Überkreuz-Transaktion** ist, wenn ein anderer Ich-Zustand des Gesprächspartners als der angesprochene aktiv wird. Die Reaktion ist dann unerwartet. Beispiele von Überkreuz-Transaktionen gehen aus Abbildung 23 hervor.

Oft ergeben sich gekreuzte Transaktionen, weil der Sender das Erwachsenen-Ich oder Eltern-Ich „anpeilt", jedoch das Kind-Ich trifft. Nach Berne liegen in den Überkreuz-Transaktionen die häufigsten Anlässe für Missverständnisse begründet (insbesondere Typ 1, das klassische Übertragungsphänomen).

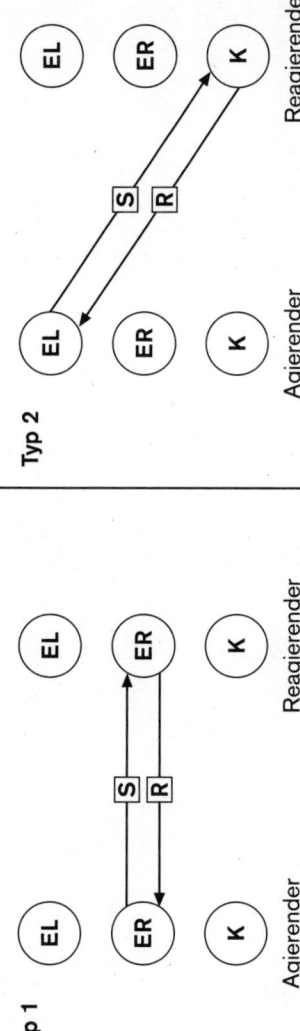

Typ 1

Agierender — Reagierender

Beispiel:

S: „Weißt Du, wo meine Uhr ist?"

R: „Ja, sie liegt auf dem Schreibtisch."

Typ 2

Agierender — Reagierender

Beispiel:

S: „Sie müssen sich aber wirklich um etwas mehr Ordnung bemühen, Frau Meier."

R: „Wenn Sie alles besser können, machen Sie Ihren Kram doch alleine!"

EL *Eltern-Ich* ER *Erwachsenen-Ich* K *Kind-Ich* S *Sender* R *Reagierer*

Abb. 22: Parallel- oder Komplementär-Transaktionen

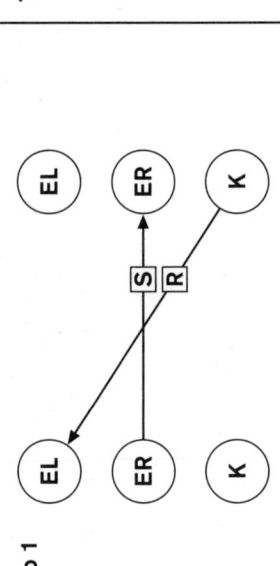

Typ 1

Agierender   Reagierender

Beispiel:

S: „Es könnte da einen Punkt geben, den wir noch nicht bedacht haben."

R: „Mir doch egal."

Typ 2

Agierender   Reagierender

Beispiel:

S: „Weißt Du, wo meine Uhr liegt?"

R: „Warum passt Du nicht besser auf? Du bist doch kein Kleinkind mehr. Ständig räume ich auf und Du verschleppst alles."

EL *Eltern-Ich*   ER *Erwachsenen-Ich*   K *Kind-Ich*   S *Sender*   R *Reagierer*

Abb. 23: Beispiele für Überkreuz-Transaktionen

Die **zweite Kommunikationsregel** der Transaktionsanalyse lautet: Überkreuz-Transaktionen führen zu einem Themenwechsel (mit der Möglichkeit einer Lösung) oder zum Abbruch der Kommunikation.

Bei den Parallel- und Überkreuz-Transaktionen ist auf jeder Seite nur ein Ich-Zustand beteiligt. Dies ist anders bei der verdeckten Transaktion. Mit **verdeckten Transaktionen** sind solche Kommunikationssituationen angesprochen, in denen etwas anderes gemeint als gesagt wird. Hinter einer äußerlich akzeptablen Transaktion verbirgt sich eine andere Nachricht. Bei verdeckten Transaktionen können

• drei Ich-Zustände (Angulär-Transaktion) oder
• vier Ich-Zustände (Duplex-Transaktion)

beteiligt sein. Beispiele für Angulär- und Duplex-Transaktionen liefert Abbildung 24. Die verdeckten Transaktionen sind als gestrichelte Linien gekennzeichnet.

Die **dritte Kommunikationsregel** der Transaktionsanalyse lautet: Bei verdeckten Transaktionen bestimmt der verdeckte Pfeil, wie die Kommunikation (momentan) weitergeht.

Sollen Gespräche auf der Sach- und Beziehungsebene zur Verständigung führen, dann sind **weiterführende Transaktionen**
• in erster Linie parallele Transaktionen im Erwachsenen-Ich und
• (gegebenenfalls als Umweg) parallele Transaktionen im natürlichen Kind-Ich sowie
• Überkreuz-Transaktionen, die im Erwachsenen-Ich des Gesprächspartners münden.

Wenig oder gar nicht weiterführende Transaktionen sind
• parallele Transaktionen aus dem unterstützenden oder kritischen Eltern-Ich; sie können zwar zu einer Atmosphäre der Übereinstimmung beitragen. Allerdings wird der eigentliche Sachverhalt nicht besprochen oder im Sinne einer Lösung geklärt.
• (abgesehen von Ausnahmen) die meisten Überkreuz- und verdeckten Transaktionen.

Störungen auf der Sach- und/oder Beziehungsebene sind die Folge.

Analyse der psychologischen Spiele: Dieser Teil befasst sich mit „festgefahrenen Verhaltensmustern" im Sinne von Rollen, in die die

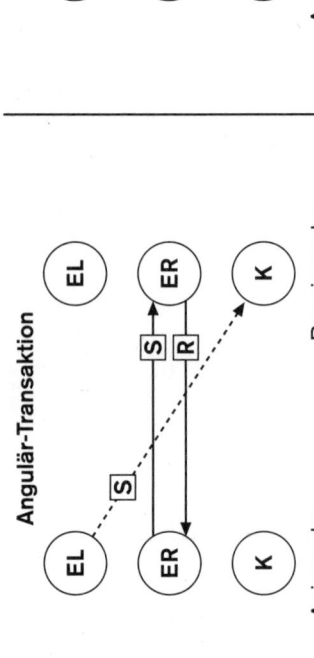

Angulär-Transaktion

Agierender   Reagierender

Beispiel:

S: „Herr Müller, wann kommt endlich Ihr Bericht?"
(unausgesprochen: „Monat für Monat dasselbe Theater.")

R: „Welchen Bericht meinen sie?"

Duplex-Transaktion

Agierender   Reagierender

Beispiel:

S: „Das ist eine Spezial-ausführung, die sehr teuer ist."
(unausgesprochen: „Kannst Du Dir das leisten?")

R: „Ja, lassen Sie mich überlegen."
(unausgesprochen: „Darauf kommt es jetzt auch nicht mehr an.")

EL *Eltern-Ich*   ER *Erwachsenen-Ich*   K *Kind-Ich*   S *Sender*   R *Reagierer*

- - - - - - → *Verdeckte Transaktionen*

Abb. 24: Verdeckte Angulär- und Duplex-Transaktionen

Gesprächspartner schlüpfen. Typische Rollen sind „Opfer", „Retter" und „Verfolger". Indem eine dieser Rollen übernommen wird, erhält der andere (unbewusst) das Angebot, auch eine Rolle zu spielen.

Die Eltern von **Opfern** haben ihrem Kind zu verstehen gegeben, dass sie es in Ordnung finden, wenn es pariert, schluckt, verzichtet und seine eigenen Wünsche zurückstellt. Das Opfer handelt in der Regel aus dem angepassten Kind-Ich.

Typische Opfer-Spiele sind:

„Bestrafen Sie mich!"
„Warum passiert mir immer alles?"
„Sehen Sie, wie sehr ich mich anstrenge..."

Der spätere **Retter** war für seine Eltern nur dann in Ordnung, wenn er Verantwortung übernahm (für die jüngeren Geschwister sorgen, der Großmutter beim Einkaufen helfen etc.). Der Retter befindet sich im unterstützenden Eltern-Ich.

Typische Retter-Spiele sind:

„Lassen Sie mich das für Sie machen!"
„Ich will Ihnen doch nur helfen."
„Ich will doch nur Ihr Bestes."

Die Eltern des **Verfolgers** fanden es in Ordnung, wenn er anderen Kindern im Sandkasten Eimer und Schaufel abnahm, bei einem Streit nie nachgegeben hat, gegebenenfalls aggressiv und jähzornig wurde oder unter Protest das Haus verließ. Der Verfolger handelt aus dem kritischen Eltern-Ich.

Typische Verfolger-Spiele sind:

„Ja, aber..."
„Ich habe es Ihnen ja gleich gesagt."
„Jetzt habe ich Sie wieder ertappt."

Regeln für das Beenden von psychologischen Spielen:
• Machen Sie sich bewusst, dass ein Spiel gespielt wird.
• Beenden Sie Ihre Rolle als Opfer, Täter, Verfolger.
• Helfen Sie Ihrem Gesprächspartner aus seiner Rolle:
  – Stellen Sie Fragen aus dem Erwachsenen-Ich.
  – Antworten Sie in Bezug auf Ihre ursprüngliche Rolle unerwartet.

- Ersetzen Sie negatives durch positives Feedback.
- Setzen Sie nicht (mehr) offen oder verdeckt den anderen ins Unrecht und blamieren Sie ihn nicht.
- Senden Sie eine Ich-Botschaft mit einer spontanen, persönlichen Bemerkung.
- Bewahren Sie Ihren Humor.
- Lassen Sie in Extremfällen den anderen stehen.

Analyse der Lebensanschauungen: Jeder Mensch entwickelt im Laufe seines Lebens eine Grundeinstellung zu sich und zu anderen Menschen. Es gibt Zeiten, in denen wir uns mögen („Ich bin o. k.") und Zeiten, in denen wir uns nicht mögen („Ich bin nicht o. k."). Es gibt Menschen, die wir schätzen und lieben („du bist o. k.") und andere, die wir gering schätzen oder nicht akzeptieren („du bist nicht o. k."). Die Transaktionsanalytiker unterscheiden **vier Lebensanschauungen** oder Grundeinstellungen (Harris 1975). Sie gehen aus Abbildung 25 hervor.

	Ich bin o. k.	**Ich bin nicht o. k.**
Du bist o. k.	*konstruktiv umgehen* mit dem Problem/ dem anderen	*sich zurückziehen* von dem Problem/ dem anderen
Du bist nicht o. k.	das Problem/den anderen *loswerden*	verharren, *steckenbleiben*

Abb. 25: Grundeinstellungen in der Transaktionsanalyse (Vgl. Jung 2001, S. 529)

- **Ich bin o. k. – du bist nicht o. k.:** Menschen mit dieser Lebensanschauung oder Grundeinstellung
  - offenbaren Überlegenheitsgefühle
  - haben die Einstellung „Ich mache lieber alles selbst!"
  - übernehmen oft eine Erwachsenenhaltung
  - sehen bei allen anderen Fehler
  - geben anderen oder dem Schicksal die Schuld, nur nicht sich selbst.
- **Ich bin nicht o. k. – du bist o. k.:** Menschen mit dieser Lebensanschauung
  - offenbaren Unterlegenheitsgefühle

- leiden unter Minderwertigkeitsgefühlen
- denken, wenn sie in Schwierigkeiten sind: „Was habe ich nur wieder angestellt?"
- fühlen sich ihren Mitmenschen gegenüber ohnmächtig
- messen ihrem Leben keinen besonderen Wert bei
- fühlen sich ausgeschlossen beziehungsweise schließen sich selbst aus.

- **Ich bin nicht o. k. – du bist nicht o. k.:** Menschen mit dieser Lebensanschauung
  - sind in ihrem Verhalten geprägt durch die empfundene Sinn- und Wertlosigkeit des Lebens überhaupt
  - haben die Devise: „Es hat ja doch alles keinen Sinn!"
  - müssen nicht unbedingt einen verzweifelten oder hoffnungslosen Eindruck machen
  - verbergen oft vor anderen und vor sich selbst die Überzeugung von der Hoffnungslosigkeit der Existenz hinter einem umgänglichen Verhalten mit ironischem oder sarkastischem Unterton.

- **Ich bin o. k. – du bist o. k.:** Menschen mit dieser Lebensanschauung
  - haben die einzige konstruktive Grundeinstellung
  - begegnen ihren Mitmenschen wertungsfrei, offen und gelassen
  - sind der Ansicht: „Jeder auf dieser Welt ist wichtig!"
  - gestehen sich selbst und anderen Fehler zu
  - bekennen sich zu ihren eigenen Bedürfnissen und Ansichten, ohne zu fordern, dass andere diese teilen
  - können Kritik entgegennehmen, ohne beleidigt zu sein
  - können andere kritisieren, ohne sie dabei abzuwerten oder zu verletzen
  - sind echte Führungspersönlichkeiten, die auch in problematischen Situationen ihre Selbstachtung und die Achtung vor denen, die ihnen anvertraut sind, behalten.

Aus dem Blickwinkel der Transaktionsanalyse wird davon ausgegangen, dass eine dieser vier Grundeinstellungen zum Leben überwiegt.

Führungskräfte können die durch eine Transaktionsanalyse gewonnenen Einsichten zur Mitarbeiterführung nutzen. Wesentliche

Implikationen der Transaktionsanalyse für die Mitarbeiterführung lauten:

- Es sollte ein **starkes Erwachsenen-Ich** aufgebaut werden, ohne das Eltern-Ich und das Kindheits-Ich abzutöten.
- Daher ist es empfehlenswert,
  – das **eigene Kindheits-Ich** zu analysieren, denn so erfährt der Führende seine eigenen verwundbaren Stellen, Ängste und Nöte
  – das **eigene Eltern-Ich** zu analysieren, um seine unverrückbaren Grundsätze, Ge- und Verbote sowie Verhaltensweisen im Umgang mit diesen kennen zu lernen.
- Im Umgang mit anderen Menschen (privat und beruflich) ist deren **Kindheits-Ich zu respektieren** (z. B. Verlangen nach Kreativität; mehr oder weniger ausgeprägte Beherrschung der Gefühle).
- Um selbst die **Beherrschung nicht** zu **verlieren**, sollte die Führungskraft Abstand von den momentanen Geschehnissen gewinnen (kurze Pause einlegen). Das Erwachsenen-Ich bekommt Gelegenheit, zwischen Eltern- und Kindheits-Ich einerseits und Realität andererseits zu trennen.
- Die Führungskraft muss auch dann **im Erwachsenen-Ich bleiben,** wenn andere versuchen, ihr Eltern-Ich oder Kindheits-Ich hervorzulocken.
- Der Vorgesetzte sollte versuchen, eine Atmosphäre des beiderseitigen o. k.-Seins zu schaffen. So entsteht Vertrauen. Und ein Vorgesetzter mit der **konstruktiven Grundeinstellung** (ich bin o. k. – du bist o. k.) ist in der Lage,
  – die Kreativität seiner Mitarbeiter zu fördern
  – die Mitarbeiter zu ermutigen, sich persönlich zu entfalten
  – das Klima der Gruppe, für die der Führende verantwortlich ist, positiv zu beeinflussen.

II. Ausgewählte Kommunikationstechniken

Analog zu den Kommunikationsformen wird generell zwischen **verbalen** und **nonverbalen Kommunikationstechniken** differenziert. Letztere betreffen die Körpersprache, beispielsweise Mimik und Gestik. Als wesentliche verbale Kommunikationstechniken werden nun zunächst die Fragetechniken und anschließend das aktive Zuhören, die Feedbackmethode, das Senden von Ich-Botschaften, Argumentationstechniken und die Fünfsatztechnik erörtert.

1. Fragetechniken

Bei der Gesprächsführung spielen Fragen eine herausragende Rolle (**„Wer fragt, der führt!"**). Anhand von Fragen ist das Gespräch in eine gewünschte Richtung lenkbar. Außerdem werden die Gesprächsteilnehmer zum Mit- und Nachdenken angeregt.

Die **Funktionen von Fragen** sind vielfältig. Fragen dienen beispielsweise dazu,

- gewünschte Informationen zu erhalten
- Gesprächspartner zu aktivieren und motivieren
- persönliches Interesse zu zeigen
- Zeit zum Überlegen zu gewinnen
- das Wissen der Gruppe in Erfahrung zu bringen
- Widerstände und Einwände offen zu legen
- Arbeitsschritte abzustimmen etc.

Generell gibt es offene und geschlossene Fragen.

Auf **geschlossene Fragen** kann der Gesprächspartner nur mit einem Wort antworten (ja oder nein, schwarz oder weiß, links oder rechts).

Geschlossene Fragen beschleunigen und erleichtern den Informationsaustausch.

Geschlossene Frageformen sind:

- Erlaubnisfragen („Kann ich mit meinem Besprechungsteam in den Konferenzsaal?")
- Alternativfragen („Wollen Sie dieses oder jenes?")
- Suggestivfragen („Sie sind doch meiner Meinung?")
- Kontrollfragen („Habe ich den Sachverhalt richtig wiedergegeben?")

Offene Fragen beginnen mit einem Fragewort (was, wozu, welche, wie, wer etc.).

Die auch als solche bezeichneten „W-Fragen" dienen dazu, bestimmte Zielgrößen in Erfahrung zu bringen (Abbildung 26). Sie können nicht nur mit einem Wort beantwortet werden.

Anhand offen gestellter Fragen können die **„wahren" Bedürfnisse oder Probleme des Gesprächspartners** offen gelegt werden.

Mit		**wird hinterfragt**
Wer?	⟶	Zielverantwortung
Was?	⟶	Zielinhalt
Wie?	⟶	Zielweg
Wann? Bis wann?	⟶	Zielfrist
Wo? Wohin?	⟶	Zielort
Wie viel?	⟶	Zielmenge, -höhe, -umfang
Wozu? Weshalb?	⟶	Zielgrund
Wie lange?	⟶	Zielzeit

Abb. 26: W-Fragewörter und ihr Zielinhalt (Simon 2004, S. 105)

Ein wesentlicher Aspekt des **„richtigen" Frageverhaltens** ist, dass der Fragende den Eindruck eines Verhörs vermeidet und nicht zu viele Fragen stellt. Auch sollten nicht mehrere Fragen gleichzeitig gestellt werden. Sonst beantwortet der Gesprächspartner vielleicht nur die einfachen oder unwichtigeren Fragen. Zudem benötigt der Frageempfänger genügend Zeit zum Nachdenken über seine Antwort. Generell gilt, Fragen kurz und eindeutig zu formulieren.

2. Zuhören

Hören bedeutet Informationsaufnahme akustischer Reize, die auch passiv geschehen kann. Zuhören ist ein aktiver Prozess der geistigen Hinwendung zum Thema.

Zuhören bedeutet,

- nicht den anderen aus Höflichkeit ausreden lassen und selektiv das zu hören, was man hören möchte, sondern
- **erfassen wollen, was der andere denkt und fühlt** (Dommann 1993, S. 759 f.)

Zuhören setzt **Konzentration** voraus. Häufig beginnen die Gedanken zu wandern, während ein anderer spricht. Eine wesentliche Ursache für mangelnde Konzentration im Gespräch kann sein, dass das Denken viermal schneller als das Hören funktioniert. In einer Minute können durchschnittlich 130 Worte hörend aufgenommen werden. Wenn im Denken „Leerzeiten" entstehen, gibt es Platz für

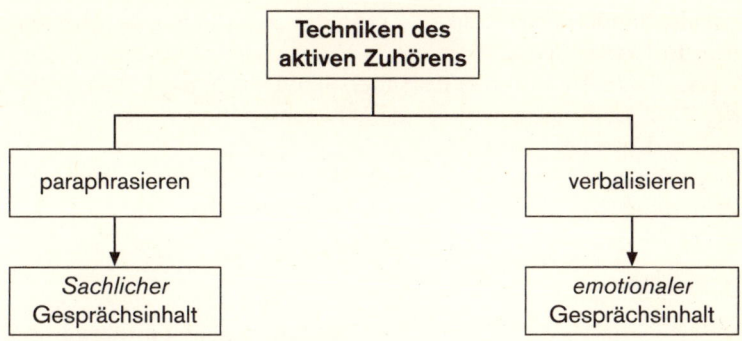

Abb. 27: Techniken des aktiven Zuhörens

andere Gedanken. Dies kann sich dann beispielsweise äußern im unkonzentrierten Dasitzen oder Tagträumen.

Die zentralen **Zuhörtechniken** nennt Abbildung 27.

Das Paraphrasieren ist die einfachste Form des Feedbacks und sichert dem Sprecher zu, dass dieser verstanden wurde.

Paraphrasieren bedeutet, den **sachlichen Gehalt** eines Gesprächs in eigenen Worten zu wiederholen.

Für die Technik des Paraphrasierens benötigt der Anwender Sensibilität. Es kann mitunter problematisch sein, den angemessenen Ton zu finden (z. B. nicht schulmeisterlich, sondern einfühlend).

Auch kostet das Paraphrasieren viel Zeit im Gesprächsverlauf. Positiv gesehen kann das Gesprächstempo wunschgemäß verlangsamt und reguliert werden.

Verbalisieren bedeutet, den **emotionalen Gehalt** eines Gesprächs in eigenen Worten zu wiederholen.

Anhand des Verbalisierens von Gefühlen kann der Anwender dieser Technik ein Gespräch wunschgemäß „entemotionalisieren". Er führt es auf die Sachebene zurück.

So kann beispielsweise bei einer Verhandlung der Gesprächsführende sich folgendermaßen äußern: „Ich habe den Eindruck, dass Ihnen die vorgestellte Alternative nicht zusagt und Sie verärgert sind..." (Reaktion des Gesprächspartners abwarten, z. B. zustimmendes Kopfnicken) „Könnten Sie bitte den für Sie wichtigsten

Problempunkt nennen, damit wir an dieser Stelle unsere Verhandlung fortsetzen können?"

Das Verbalisieren muss besonders einfühlsam geschehen, damit der Gesprächspartner durch die Widerspiegelung seiner Gefühlswelt nicht verletzt wird.

Ein Beispiel für die Techniken des aktiven Zuhörens beinhaltet Abbildung 28.

3. Feedback

Der Begriff **Feedback** (engl.: zurückleiten) bedeutet im sozial-psychologischen Kontext **„Rückkopplung"** oder „Rückmeldung auf das Verhalten anderer".

Es gibt einen Feedback-Geber (= Sender) und einen Feedback-Nehmer (= Empfänger).

Der Sender benötigt Feedback, dass der Empfänger ihn verstanden hat. Der Empfänger will sich durch Feedback vergewissern, dass er den Sender verstanden hat (Abbildung 29).

Feedback kann überall dort angewendet werden, wo Menschen miteinander sprechen: in Familien, zwischen Partnern, im Kollegenkreis, gegenüber dem Vorgesetzten, als Vorgesetzter, nach Kunden- und Vorstellungsgesprächen, Vorträgen und Seminaren.

Generelles **Ziel** des Feedback ist, Verhaltensweisen zu korrigieren und positives Verhalten zu fördern. Es werden die Voraussetzungen geschaffen, gezielt an den eigenen Stärken und Schwächen zu arbeiten. Zudem kann die Feedbackmethode dazu genutzt werden, die Beziehung zwischen Feedback-Geber und -Nehmer zu klären (Abbildung 30).

Ausgangssituation des Feedback ist das Johari-Fenster (Abbildung 31). Die Bezeichnung „Johari" ist ein Anagramm, abgeleitet aus den Vornamen beider Autoren Joe Luft und Harry Ingham.

Das **Johari-Fenster** offenbart, inwieweit Eigenschaften einer Person ihr selbst beziehungsweise dem Umfeld bekannt sind. Die vier Quadranten des Fensterkreuzes bilden die jeweiligen Bewusstseinsbereiche der Person ab.

Quadrant A ist der Bereich der **öffentlichen Person**, die Arena der freien Aktivität, der öffentlichen Sachverhalte und Tatsachen. Der

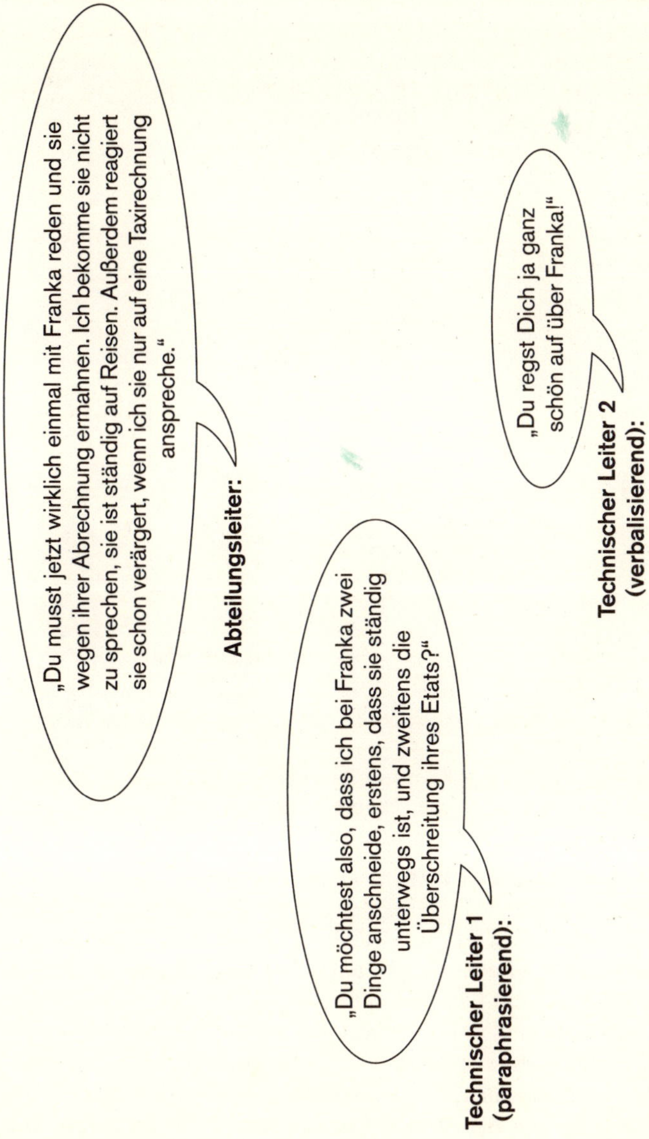

„Du musst jetzt wirklich einmal mit Franka reden und sie wegen ihrer Abrechnung ermahnen. Ich bekomme sie nicht zu sprechen, sie ist ständig auf Reisen. Außerdem reagiert sie schon verärgert, wenn ich sie nur auf eine Taxirechnung anspreche."

Abteilungsleiter:

„Du möchtest also, dass ich bei Franka zwei Dinge anschneide, erstens, dass sie ständig unterwegs ist, und zweitens die Überschreitung ihres Etats?"

Technischer Leiter 1 (paraphrasierend):

„Du regst Dich ja ganz schön auf über Franka!"

Technischer Leiter 2 (verbalisierend):

Abb. 28: Beispiel zu den Techniken des aktiven Zuhörens (vgl. Blom et al. 1999, S. 19f.)

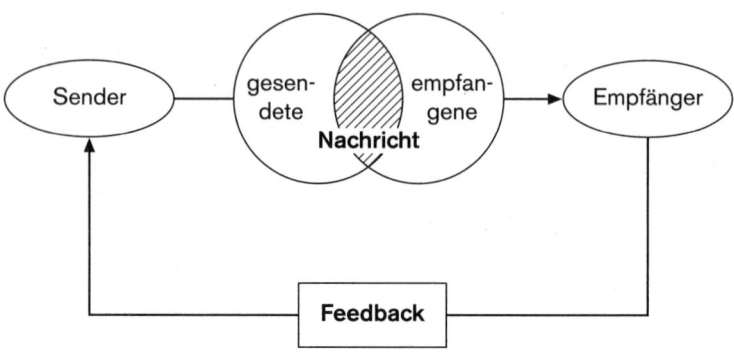

Abb. 29: Vervollständigtes Modell der zwischenmenschlichen Kommunikation (nach Schulz von Thun 1998)

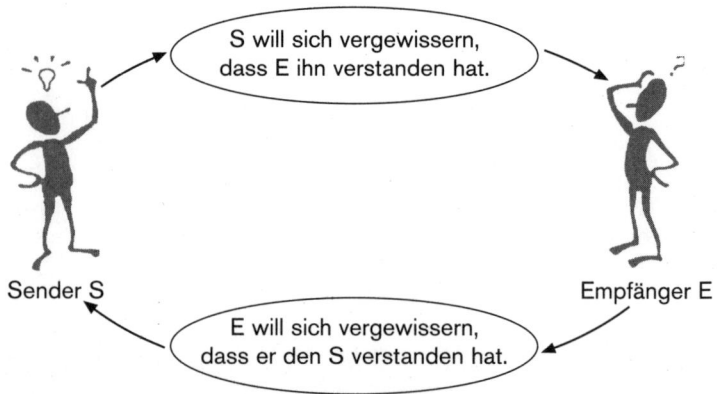

Abb. 30: Feedback-Geber und Feedback-Nehmer

Mensch ist sich selbst bekannt. Er kennt seine Motivationen und Verhaltensweisen, die auch für andere wahrnehmbar sind. Das Fenster ist von beiden Seiten durchsichtig.

Im Quadrant B weiß nur die **Privatperson** über sich Bescheid. Motivationen und Verhaltensweisen sollen anderen nicht bekannt gemacht werden. Das Fenster ist von außen nicht einsehbar.

Quadrant C ist der Bereich des **Blinden Flecks.** Die Eigenschaften

Die Eigenschaften sind der Person selbst

	bekannt	unbekannt
bekannt	**A** Öffentliche Person	**C** Blinder Fleck
unbekannt	**B** Privat- person	**D** Unbe- wusstes

Die Eigenschaften einer Person sind anderen

Abb. 31: Johari-Fenster (nach Luft 1971)

und Verhaltensweisen werden zwar von anderen Menschen wahrgenommen, aber nicht von der Ausgangsperson.

Dieses Fenster mit dem Blinden Fleck ist nur von außen einsehbar. Feedback kann dabei helfen, Verdrängtes und nicht (mehr) Bewusstes über sich selbst zu erfahren und den Blinden Fleck zu beseitigen.

Quadrant D repräsentiert den Bereich des **Unbewussten** mit Vorgängen, die weder der Person selbst noch den anderen bekannt sind. Das Fenster ist von beiden Seiten undurchsichtig.

Abbildung 32 zeigt die möglichen Auswirkungen von Feedback auf das Johari-Fenster einer Person an einem Beispiel.

Bei Menschen, die sich untereinander noch nicht kennen (z. B. Projektgruppe), dominiert der Quadrant B: jeder kennt seine Eigenschaften und Verhaltensweisen, die den anderen zunächst verschlossen bleiben. Der Bereich A dieser Person ist entsprechend klein (Abbildung 32 links).

Im Laufe des Feedbackprozesses öffnet sich die Person und sie gibt mehr von sich preis. Dies hat zur Folge, dass ihr Privatbereich

vor dem Feedback   **nach dem Feedback**

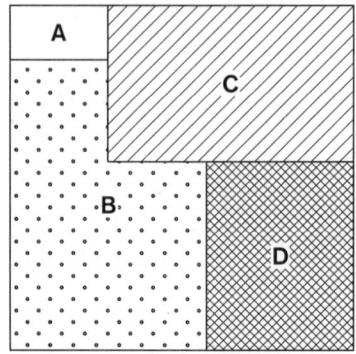 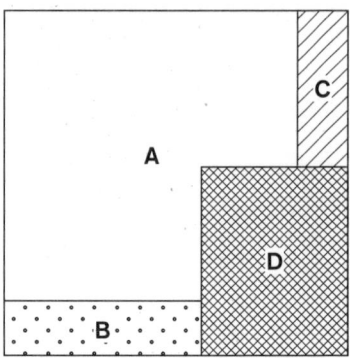

Abb. 32: Beispiel zur Auswirkung von Feedback auf das Johari-Fenster (vgl. Jung 2001, S. 482)

(B) kleiner wird und sich der Blinde Fleck (C) deutlich reduziert. Der Mensch ist offensichtlich zur öffentlichen Person (A) geworden (Abbildung 32 rechts).

Feedback geschieht in Form von Anerkennung, Kritik, Lob, Tadel, oder auch anhand indirekter Kommunikation. Letzteres ist beispielsweise der Fall, wenn ein Mitarbeiter zu spät zur Arbeit erscheint und von seinem Chef nach der aktuellen Uhrzeit gefragt wird – eine versteckte, indirekte Kritik am Zuspätkommen.

Die Beispiele in Abbildung 33 zeigen das Spektrum von Feedback-Varianten.

Wie jede andere Botschaft hat auch das **Feedback vier Seiten:**

- Die **Sachebene** des Feedbacks beinhaltet den Sachverhalt.
- Auf der Ebene der **Selbstoffenbarung** wird offenkundig, was die Nachricht beim Empfänger auslöst und wie er darauf reagiert.
- Im Feedback zeigt sich die **Beziehung** des Feedback-Gebers zum Sender.
- Der Feedback-Geber **appelliert** an den Sender, etwas zu tun oder zu lassen.

Abbildung 34 beinhaltet die **Empfangsvorgänge des Feedbacks:** wahrnehmen, interpretieren, fühlen.

Die Empfangsvorgänge des Feedbacks sind hilfreich, um besser

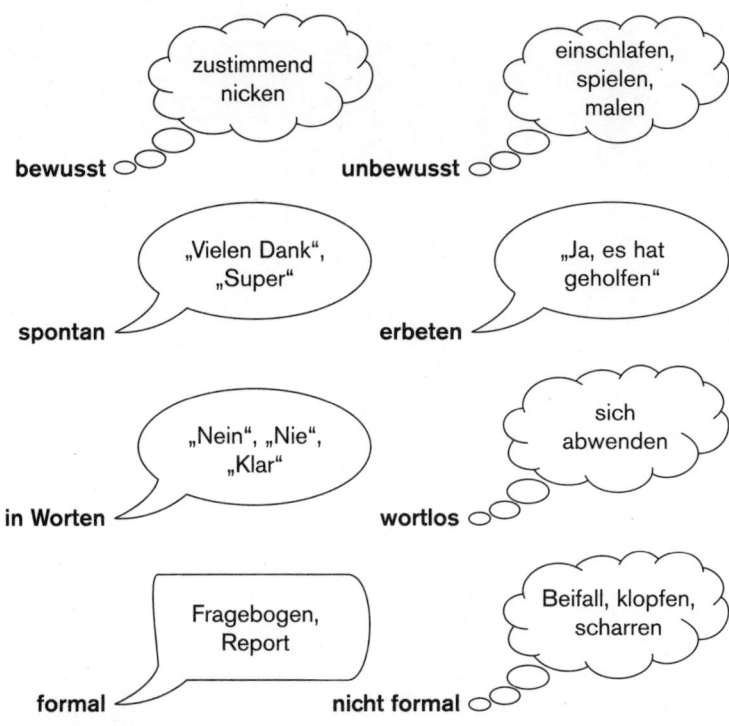

Abb. 33: Feedback-Varianten

nachvollziehen zu können, dass die **Eigeneinschätzung** des Feedback-Nehmers sich oft von dem **Bild** unterscheidet, das er **bei seinem Gegenüber** hinterlässt.

Umgekehrt nimmt der Feedback-Geber Verhaltensweisen und Eigenschaften wahr, die dem Feedback-Nehmer vielleicht gar nicht bewusst sind.

Im Hinblick auf das Beispiel in Abbildung 34 weicht wahrscheinlich die Selbstwahrnehmung des Feedback-Nehmers, warum er die Stirn runzelt, von der Interpretation der Frau ab, dass der Mann ihre Pläne missbilligt.

Für eine gelungene Rückmeldung müssten diese drei Empfangsvorgänge unterschieden werden (vgl. Schulz von Thun 1998, S. 74):

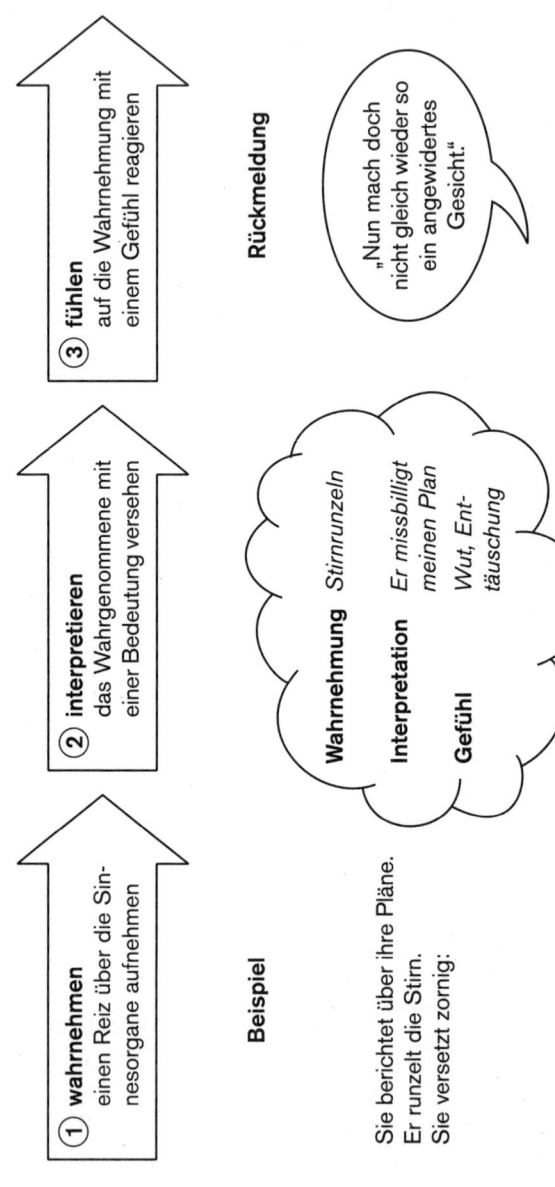

Abb. 34: Drei Empfangsvorgänge des Feedbacks (Beispiel vgl. Schulz von Thun 1998)

- **Wahrnehmung:** „Ich sehe, wie du die Stirn runzelst."
- **Interpretation:** „Ich vermute, dass es dir nicht passt, was ich vorhabe."
- **Gefühl:** „Ich bin enttäuscht und ärgerlich, weil ich Unterstützung erhofft hatte."

4. Senden von Ich-Botschaften

Häufig werden im Laufe von Gesprächen zahlreiche so genannte **Du-Botschaften** gesendet, beispielsweise: „Sie nerven mich mit Ihrer Fragerei!" (Abbildung 35). Das Du (oder Sie) steht im Vordergrund der Botschaft.

Mit der Äußerung von **Du-Botschaften** läuft der Absender Gefahr, dass er den anderen verletzt und die **Beziehung** zu ihm **schädigt.**

Dies gilt vor allem bei negativen Du-Botschaften, die Schuldgefühle verursachen oder als herabsetzend empfunden werden. Sie provozieren dann reaktive Verhaltensweisen (Simon 2004, S. 62).

Bei **Ich-Botschaften** signalisiert der Absender dem Gesprächspartner, dass er auf dem gleichen Level bleibt. Daher wird das Senden von Ich-Botschaften auch Leveling genannt.

Im Hinblick auf das oben genannte Beispiel einer Du-Botschaft kann die Ich-Botschaft lauten: „Mit diesen Fragen beschäftige ich mich besser erst morgen. Denn heute schaffe ich es nicht mehr!" Der Absender beschreibt lediglich das zu kritisierende Verhalten und die ausgelösten Gefühle. Ob der Empfänger dieser Ich-Botschaft sein Verhalten ändert, bleibt ihm überlassen.

5. Argumentationstechniken

Ein **Argument** besteht aus
- einer **Prämisse** (der Grund, der die Konklusion stützt)
- einer **Konklusion** (Schlussfolgerung).

Zum Beispiel haben Wissenschaftler festgestellt, dass ungesättigte Fettsäuren – unter anderem als Bestandteil von Margarine – dazu geeignet sind, den Cholesterinspiegel des Menschen zu senken (Prämisse). Die entsprechende Konklusion lautet: Um den eigenen Cholesterinspiegel zu senken, sollte Margarine mit ungesättigten Fettsäuren gegessen werden.

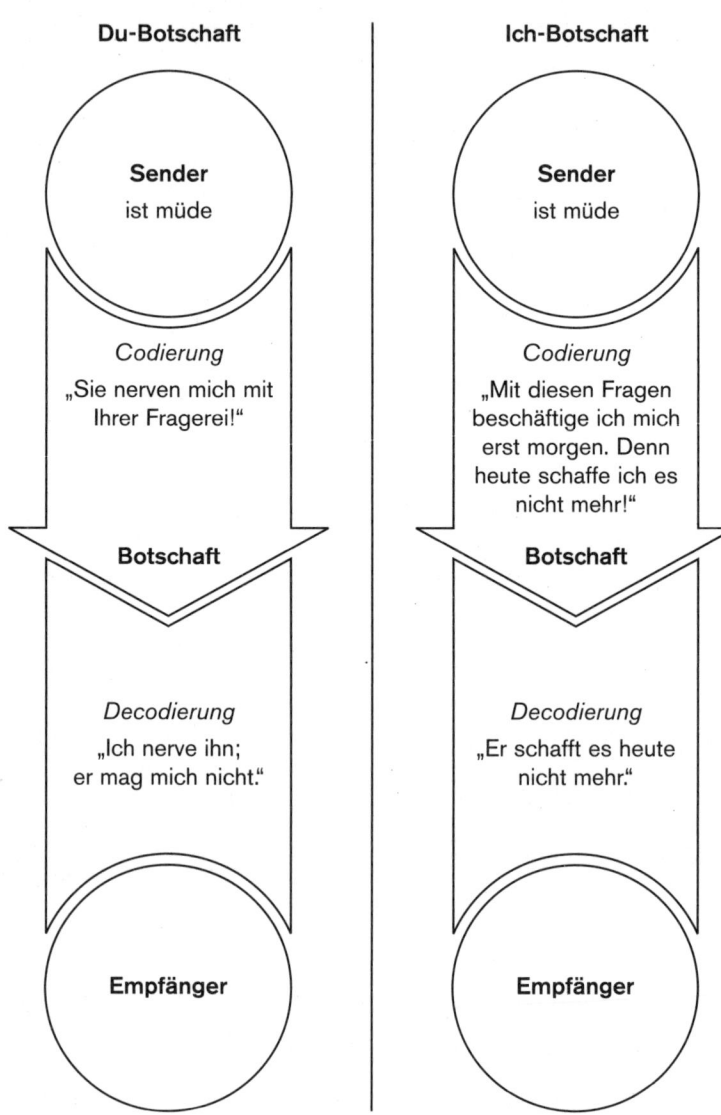

Abb. 35: Beispiel einer Du- und Ich-Botschaft (Simon 2004, S. 62)

Oft werden Argumente unvollständig kommuniziert. Wenn die Prämisse fehlt, liegt kein Argument, sondern lediglich eine **Behauptung** vor.

Es kann auch sein, dass Prämissen weggelassen werden, die dem Allgemeinwissen zuzuordnen sind. Dies ist beispielsweise der Fall, wenn gegen das Rauchen argumentiert wird, dass es der Gesundheit schadet.

Die Anwendung der Argumentationstechnik setzt voraus, dass die angeführten Argumente korrekt und stichhaltig sind. Generelle **Empfehlungen** für die gezielte Argumentation lauten (Simon 2004, S. 216 f.):

• Vor dem Gespräch
  – sind die eigenen Ziele zu formulieren, die es mit dem Gespräch zu erreichen gilt,
  – müssen die eigenen Argumente „hieb- und stichfest" sein,
  – sind mögliche Gegenargumente des Gesprächspartners zu erahnen, um diese entsprechend zu kontern.
• Während des Gesprächs
  – bauen die eigenen Argumente logisch aufeinander auf,
  – sollte man offen für die Argumente des Gesprächspartners und für die Erkenntnisse sein, die sich daraus ergeben,
  – werden die Argumente vom Normalen zum Besonderen, vom Bekannten zum Neuen aufgebaut,
  – sind die Argumente nicht auf einmal, sondern mit „eingebauter Dramaturgie" anzubringen:
    – zu Beginn des Gesprächs das zweitstärkste Argument anführen
    – dann schwächere Argumente, die im Gesprächsverlauf gesteigert werden
    – gegen Ende des Gesprächs mit dem stärksten Argument auftrumpfen.

6. Fünfsatztechnik

Der Fünfsatz ist eine **Denkleitlinie,** damit während des Sprechens „der Faden nicht reißt" und die Gedanken logisch gegliedert sind (Simon 2004, S. 198 f.).

Die **Grundstruktur** des Fünfsatzes lautet:

1. Satz: Einleitung, um Aufmerksamkeit zu schaffen
2. bis 4. Satz: Hauptteil mit dem logischen Gedankenweg
5. Satz: Schluss, der aufzeigt, was der andere denken, einsehen oder tun soll.

Mit dem einleitenden **ersten Satz** soll **Aufmerksamkeit geschaffen** werden. Dies kann beispielsweise geschehen anhand

- einer Frage („Wie gehen wir nun weiter vor?")
- eines situativen Einstiegs („Die neue Marktsituation zwingt uns, Folgendes zu beachten...")
- einer Verknüpfung mit
  - der eigenen Meinung („Ich bin gegen das Rauchen am Arbeitsplatz...")
  - anderen Meinungen („Zu diesem Thema sagte neulich der renommierte XY...")

Den **Hauptteil** bildet der **logische Gedankenweg** in drei argumentativen Schritten (z. B. Vor-, Nachteile, Schlussfolgerung beziehungsweise Zwecksatz). Weitere Beispiele sind:

- Gegenüberstellung der Pro-Kontra-Argumente
- Gegenüberstellung von Soll und Ist
- Gegenüberstellung von Situationsanalyse, Zielen, Maßnahmen
- dialektische Gegenüberstellung (These, Antithese, Synthese)
- Gegenüberstellung von Meinungen
- Gegenüberstellung von gestern, heute, morgen.

Der **abschließende Zwecksatz** beinhaltet die Hauptaussage oder **Schlussfolgerung.** Der Redner bringt zum Ausdruck, was der andere denken, einsehen oder tun soll.

7. Körpersprache

In Abbildung 36 sind interpretatorische Ansatzpunkte der Körpersprache tabellarisch zusammengestellt. Sie betreffen die Ausdrucksbereiche des Gesichts, Bewegungen des Oberkörpers sowie die Gestik des Kopfes und der Hände.

1. Ausdrucksbereiche des Gesichts

a) Blickkontakt

- **gerader, dem Gesprächspartner zugewandter Blick:**
  - Sympathie, Interesse, Wertschätzung
  - gegenseitiger Blickkontakt auf gleicher Höhe: mit Gesprächspartner auf gleichem Niveau
  - dabei voll geöffnete Augen: Bereitschaft zu offener und direkter Kommunikation
  - fester, fixierender Blick: Selbstsicherheit, Kraft und Willensstärke
- **Blick von oben herab:**
  - überlegen, stolz
  - auch: herrschsüchtig, arrogant, verachtend
- **Blick von unten mit gesenktem Kopf:**
  - Unterwerfung (wenig Spannung)
  - Angriffsbereitschaft (mehr Spannung)
  - trotz gesenkten Kopfes sein Gegenüber wahrnehmen
- **seitlicher Blick aus den Augenwinkeln:**
  - fehlende körperliche Zuwendung: heimliche Beobachtung, eventuell Misstrauen
  - bei voll geöffneten Augen: Neugier, Abschätzung
  - verengter Blick: Misstrauen, Hinterhältigkeit

b) Stirn

- **waagerechte Stirnfalten:**
  - oft gleichzeitig Heben der Augenbrauen
  - Aufmerksamkeit wird benötigt
  - auch: Hochmut, Arroganz
- **senkrechte Stirnfalten (Konzentrationsfalte):**
  - zwischen den Augenbrauen
  - starke geistige oder körperliche Konzentration (z. B. bei Bewältigung eines inneren Konfliktes)

2. Bewegungen des Oberkörpers

- **Oberkörper dem Gesprächspartner zu-/abgewandt:**
  - zugewandt: bedeutet Interesse, Furchtlosigkeit, Aufgeschlossenheit
  - abgewandt: Desinteresse, Zurückweisung, Abwendung
- **Bewegungen des Oberkörpers:**
  - automatisch Distanzverringerung oder -erweiterung
  - Zuneigen des Oberkörpers: spiegelt „sich Näherkommen"/Zuneigung wider
  - Abneigung des Oberkörpers: spiegelt „sich Distanzieren"/Abneigung wider

3. Gestik

a) Gestik des Kopfes

- **Gesenkter Kopf:**
  - mit fehlendem Blickkontakt: schlechtes Gewissen, Beschämung, Unterwerfung
  - Kopfneigung beim Gruß: bewusste, der Höflichkeit dienende Verkleinerung
- **Gesenkter Blick:**
  - spannungsgeladene Aktivität, Kampfbereitschaft
  - erinnert bildlich an den gesenkten Kopf des angreifenden Stiers
- **Aufrichten des Kopfes:**
  - der Hals liegt frei und ist ungeschützt
  - Person fühlt sich sicher und fürchtet nicht, dass ihr jemand an den Hals geht
  - zeigt gesteigertes Selbstwertgefühl und Tatbereitschaft
- **Pendelndes Hin-und-her-Neigen des Kopfes:**
  - kann Zu- oder Abwendung, Bejahung oder Verneinung bedeuten
  - drückt Zweifel aus
  - Schaukelbewegung: Geborgenheit und Sicherheit fehlen
  - oft mit hochgezogenen Schultern verbunden: Deckung des Halses, da weitere „Angriffe" befürchtet

b) Gestik der Hände

- **Handinnenfläche nach oben:**
  - etwas Wertvolles wird in Empfang genommen
  - auch: Geste des offenen Darlegens und Überreichens von positiven Ideen oder wertvollen Dingen
  - je weiter die Hände nach vorne gestreckt, desto größer ist der Aufforderungsgrad
- **Handinnenfläche nach unten:**
  - ursprüngliche Bedeutung der Hand als Greifwerkzeug
  - Ausdruck von Geiz und Raffgier
  - auch: Bemühen, Worte zu finden und Gedanken festzuhalten
  - auch: Hand als Fläche zum Abwehren oder Niederdrücken
- **Handinnenfläche nach vorn:**
  - Instrument des Wegschiebens
  - deutet auf Ablehnung oder Zurückweisung hin

4. Beinstellungen im Sitzen

- **Sitzen mit gekreuzten Beinen:**
  - und eng aneinander gepressten Füßen (und ggf. die Hände auf den Armlehnen verkrampft) bedeutet: Angst

– z. B. Mitarbeiter, der sich in einem Konfliktgespräch „beengt" fühlt
• **Weit von sich gestreckte Beine:**
  – Person hat nicht vor, bald wieder aufzustehen
  – in dieser Sitzhaltung keine Flucht möglich (Person fühlt sich sicher)
• **generell:**
  – Richtung des übergeschlagenen Beines zeigt die Richtung, der die „Zu-Wendung" gilt
  – je näher die Füße zum Körperschwerpunkt angezogen werden, umso größer ist der unbewusste Wunsch, aktionsbereit zu sein
  – ein Fuß oder beide Füße um das Stuhlbein gehakt: Wunsch nach Sicherheit und Halt

Abb. 36: Interpretatorische Ansatzpunkte der Körpersprache (in Anlehnung an Simon 2004, S. 127–132)

III. Gesprächsführung

1. Gesprächsvorbereitung

1.1 Zielformulierung

Je nachdem, welche Ziele angestrebt werden, lassen sich unterschiedliche Gesprächstypen in der Wirtschaft nennen. Beispiele sind Bewerbergespräche, Kritikgespräche, Verkaufsgespräche, Zielvereinbarungsgespräche, Kündigungsgespräche, Beurteilungsgespräche, Beratungsgespräche, Teambesprechungen etc.

Egal, um welche Art von Gespräch es sich handelt: jene Ziele, die es mit dem Gespräch zu erreichen gilt, müssen operational im Sinne von **messbar formuliert** werden. Nur so sind sie überprüfbar.

Ziele von Gesprächen sind operational zu formulieren nach

• **Zielinhalt** (z. B. Verkaufsgegenstand; Zufriedenheit mit den Leistungen des Mitarbeiters; Entscheidungssituation)

• **Ausmaß** (z. B. Verkaufsabschluss; Zielvereinbarung mit Mitarbeiter; konkrete Entscheidung treffen)

• **Zeitbezug** (z. B. innerhalb eines Zeitraums; bis zum nächsten Gesprächstermin).

1.2 Organisation

Wesentliche Aspekte der organisatorischen Gesprächsvorbereitung betreffen den Gesprächsort und -zeitpunkt sowie die Visualisierungen zum Gesprächsanlass.

Aspekte der Organisatorischen Gesprächsvorbereitung

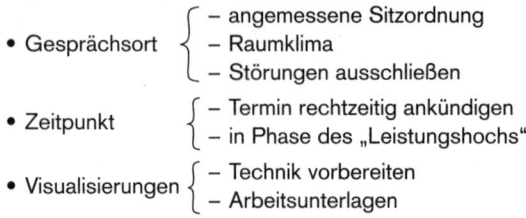

- Gesprächsort
  - – angemessene Sitzordnung
  - – Raumklima
  - – Störungen ausschließen

- Zeitpunkt
  - – Termin rechtzeitig ankündigen
  - – in Phase des „Leistungshochs"

- Visualisierungen
  - – Technik vorbereiten
  - – Arbeitsunterlagen

Die Bedingungen am **Gesprächsort** können sich fördernd oder blockierend auswirken. Beispielsweise ist ein Beurteilungsgespräch mit einem Mitarbeiter anberaumt, nach dem der Vorgesetzte über die innerbetriebliche Weiterentwicklung des Mitarbeiters entscheiden möchte. Das Gespräch wird durch ein klingelndes Telefon gestört und der Vorgesetzte nimmt das Gespräch an. Nun kann dem Mitarbeiter der Gedanke kommen: „Für mich geht es heute um einiges. Doch ich scheine dem Chef gar nicht so wichtig zu sein. Sonst würde er mir richtig zuhören und sich nicht mit anderen Dingen beschäftigen." In diesem Fall dürfte es dem Vorgesetzten schwer fallen, ein positives Gesprächsklima zwecks Zielerreichung aufzubauen.

Auch das **Raumklima** wirkt sich auf den Gesprächsverlauf aus:
- Beleuchtung: vorzugsweise Tageslicht
- Temperatur: Raum nicht überhitzt
- Belüftung: genügend Sauerstoffzufuhr.

Um den Gesprächsverlauf nicht von vornherein zu belasten, sollte der **Gesprächstermin** dem Partner frühzeitig bekannt gegeben werden. So hat er die Chance, sich vorzubereiten und nicht überrumpelt zu fühlen. Auch ist es dienlich, den menschlichen Biorhythmus zu respektieren und danach die Terminierung auszurichten, also vorzugsweise am späten Vormittag oder frühen Nachmittag, möglichst nicht nach dem Mittagessen oder kurz vor Feierabend.

Bei jeder Gesprächsart kann es dienlich sein, einen Sachverhalt zu **visualisieren**, um ihn schneller, einprägsamer und verständlicher zu gestalten. Gegebenenfalls sind Arbeitsunterlagen (Kopien-Handout) zweckmäßig, die der Gesprächspartner mitnehmen kann. Bereits zurecht gelegte Entwürfe, Muster, Notizen etc. unterstreichen beim Gesprächspartner den Stellenwert, den beispielsweise ein Vorgesetzter seinem Mitarbeiter oder ein Berater seinem Kunden beimisst.

2. Gesprächsführung in ausgewählten Situationen

Je nach angestrebtem Ziel gibt es unterschiedliche Gesprächstypen. Die Auswahl der nachfolgenden Gesprächssettings resultiert aus dem eingenommenen Blickwinkel einer Führungskraft.

2.1 Mitarbeitergespräch

Ein **Mitarbeitergespräch** ist ein Gespräch zwischen dem Mitarbeiter und dem Vorgesetzten ohne Beteiligung Dritter.

Generelles **Ziel** von Mitarbeitergesprächen ist, die Leistungsbereitschaft und Zufriedenheit der Mitarbeiter zu fördern beziehungsweise wieder herzustellen.

Die **Anlässe** eines Mitarbeitergesprächs sind vielfältig (Pfützner 1982, S. 50). Je nach Anlass steht ein anderer **Zweck** im Vordergrund.

Handelt es sich um ein Mitarbeitergespräch, bei dem sich die **Gesprächspartner kennen lernen**, dann ist der erste Eindruck sehr wesentlich für alles, was danach kommt (Dommann 1993, S. 752). Jeder entscheidet für sich in Bruchteilen von Sekunden, ob er den anderen als eher sympathisch oder unsympathisch erlebt.

Anlass	wesentlicher Zweck des Mitarbeitergesprächs
	Das Gespräch mit dem Vorgesetzten unter vier Augen . . .
• Ein neuer Mitarbeiter wird eingeführt.	. . . soll die Unsicherheit des Mitarbeiters reduzieren.
• Ein Mitarbeiter wird beurteilt.	. . . gibt dem Mitarbeiter Aufschluss über seinen Leistungsstand und die berufliche Weiterentwicklung.

	... klärt die zukünftigen Verhaltens- und Ergebniserwartungen.
• Ein Mitarbeiter soll befördert werden.	... gibt dem Vorgesetzten Aufschluss, ob sich der Mitarbeiter der neuen Aufgabe gewachsen fühlt.
	... gibt dem Vorgesetzten Aufschluss, welche Entwicklungsmaßnahmen erforderlich sind.
• Ein Mitarbeiter wird kritisiert.	... soll dem Mitarbeiter Inhalt und Bedeutung der Kritik nachvollziehbar erklären.
	... soll dem Mitarbeiter Ansatzpunkte liefern, die Kritikursache zu beheben.
• Ein Mitarbeiter wird versetzt.	... soll den Mitarbeiter auf seine Versetzung vorbereiten.
• Ein Mitarbeiter kündigt.	... liefert dem Vorgesetzten die wahren Gründe für die Kündigung.

Derjenige, der sympathisch erlebt wird, bekommt eher positive Eigenschaften (z. B. freundlich, intelligent) zugeordnet. Dem Unsympathischen attribuiert man eher die negativen Eigenschaften.

Der **erste Eindruck** ist ein Vorausurteil über einen Menschen. Er bestimmt gegenwärtige und künftige Verhaltensweisen. Es kann sein, dass Informationen, die mit dem ersten Eindruck nicht übereinstimmen, nicht mehr aufgenommen und verarbeitet werden.

Die Gesprächspartner – sowohl Vorgesetzte als auch Mitarbeiter – sind darum bemüht, einen günstigen ersten Eindruck zu hinterlassen. Beispielsweise möchte der Mitarbeiter wünschenswerte Eigenschaften wie Leistungsfähigkeit und Zuverlässigkeit vermitteln. Für den Vorgesetzten ist es wesentlich, dass er auf Anhieb seine Führungsfähigkeit und Vertrauenswürdigkeit signalisiert.

Eine generelle Handlungsempfehlung für die Vorgehensweise bei Mitarbeitergesprächen kann es nicht geben. Denn diese sind abhängig von der jeweiligen Gesprächssituation, dem Verhältnis von Führungskraft und Mitarbeiter sowie der beiderseitigen Gesprächsbereitschaft. Aus dem Blickwinkel der Führungskraft ist es jedenfalls unerlässlich, das Mitarbeitergespräch gezielt vorzubereiten und systematisch aufzubauen.

Eine Möglichkeit, die Mitarbeiter zur vertraulichen Offenheit bei Arbeitsproblemen, Kritikgesprächen etc. zu veranlassen, ist die **non-direktive Gesprächsführung**. Nachfolgend werden die wesentlichen Charakteristika des non-direktiven Mitarbeitergesprächs aufgezählt.

Charakteristiken der non-direktiven Führung des Mitarbeitergesprächs
Der Vorgesetzte
- ... bringt den Mitarbeiter dazu, unterschwellig erlebte Gefühle zum Ausdruck zu bringen.
- ... beschränkt sich weitestgehend auf das Fragen und Hinterfragen.
- ... stellt seine eigene Meinung zurück.
- ... trifft konkrete Vereinbarungen, die schriftlich fixiert werden.

Die non-direktive Gesprächsführung ist eigentlich eine psychotherapeutische Methode, die unausgesprochene, unterschwellig erlebte **Gefühle** wie Angst, Ärger, Abneigung etc. **zum Ausdruck bringen** möchte. Dies soll beispielsweise mit folgenden Formulierungen herbeigeführt werden:
- „Sie befürchten, dass..."
- „Sie sind sich noch nicht sicher über..."
- „Sie ärgern sich wegen..."

Die Formulierungen signalisieren dem Mitarbeiter, dass er vom Vorgesetzten ernst genommen wird. Dieser reflektiert die Gefühle und Gedanken des Mitarbeiters. Das schafft Vertrauen.

Der Vorgesetzte beschränkt sich weitestgehend auf das **Fragen und Hinterfragen** nach dem Motto: „Wer fragt, der führt – wer fragt, der aktiviert – wer fragt, der motiviert." (Simon 2004, S. 262).

Anhand von Fragen wie
- „Wenn ich Sie richtig verstehe, meinen Sie...?"
- „Was ist der Grund für Ihre Meinung?"
- „Was meinen Sie mit...? Geben Sie mir bitte ein Beispiel."

greift die Führungskraft das vom Mitarbeiter Gesagte auf und regt ihn dazu an, über das Thema weiter nachzudenken und zu sprechen.

Der **Vorgesetzte stellt seine eigene Meinung zurück**. Anstatt zu widersprechen, verhält er sich „neutral" (weder zustimmend noch ablehnend). Gegebenenfalls macht er eine Gesprächspause, zeigt sich nachdenklich und veranlasst so den Mitarbeiter, eigene Lösungen zu entwickeln.

Es werden **konkrete Vereinbarungen** getroffen und diese gegebenenfalls schriftlich fixiert.

Insgesamt gesehen ist im Verlauf des non-direktiven Gesprächs der Vorgesetzte bemüht herauszufinden, welche Probleme der Mitarbeiter hat. Für ihn gilt: zuhören statt hören.

Das Gespräch kann auch nur während einzelner Phasen non-direktiv, ansonsten direktiv sein. So ist beispielsweise das so genannte „Stressgespräch" bewusst direktiv seitens des Vorgesetzten. Er stellt scharf formulierte Fragen im Sinne eines Verhörs. Denn er verfolgt das Ziel, den Mitarbeiter zu verunsichern und ihn zu Geständnissen beziehungsweise Zugeständnissen zu bewegen.

Ungeeignet für die non-direktive Gesprächsführung sind

- Schuldzuweisungen
- Vorwürfe
- Unterstellungen
- vorschnelle Analysen
- Drohungen
- Spott, Ironie.

Wesentlicher Vorteil des erfolgreich geführten non-direktiven Gesprächs ist, dass der Mitarbeiter „aus der Reserve gelockt" werden kann. Er äußert offen seine Meinung und ist danach zufriedener. Der Vorgesetzte erhält für ihn wichtige Informationen. Insgesamt kann sich das Vorgesetzten-Mitarbeiter-Verhältnis verbessern.

Allerdings besteht die Gefahr, dass das Gespräch zu einem belanglosen Geplauder wird. Zudem ist es zeitaufwendig. Wenn der Gesprächspartner nicht erkennt, was der andere von ihm will, kann beim Mitarbeiter der Eindruck entstehen, der Vorgesetzte sei unsicher. Dessen Autoritätsverlust wäre die Folge. Auch ist es möglich, dass sich beide Seiten einander ausnutzen oder instrumentalisieren.

Eine **Besprechung** ist ein Gespräch, das der Vorgesetzte mit einem Mitarbeiter oder einer Gruppe von Mitarbeitern führt. Es dient dazu,

- den Informationsfluss zwischen dem Vorgesetzten und den Mitarbeitern (in beide Richtungen) sicherzustellen.

• die Mitarbeiter im Hinblick auf einen bestimmten Zustand zu überzeugen, zu aktivieren und zu motivieren.

Anhand der dargestellten Kommunikationsformen (Kapitel B. I.1) lässt sich die Besprechung kennzeichnen als persönlich, zweiseitig, mit verbaler und nonverbaler Botschaftsgestaltung. Die Besprechung ist mehrstufig, wenn ein Teilnehmer als Meinungsführer und/oder Gruppensprecher agiert. Sie ist vermittelt, wenn technische Hilfsmittel wie z. B. Flipchart oder Tageslichtprojektor einbezogen werden.

Besprechungsarten sind die Arbeitsbesprechung, Entscheidungsvorbereitung und Problemermittlung (Jung 2001, S. 473 f.).

In der **Arbeitsbesprechung** vermittelt der Vorgesetzte seinen Kenntnisstand zu einem bestimmten Sachverhalt (z. B. Projektstatus) an die Mitarbeiter. Das Gruppengespräch sorgt dafür, dass die Informationen ankommen und verarbeitet werden.

Bei einer Besprechung zwecks **Entscheidungsvorbereitung** geht es um Probleme, die der Vorgesetzte nicht allein, sondern nur gemeinschaftlich lösen kann. Er benötigt die Arbeitserfahrungen seiner Mitarbeiter zur Entscheidungsfindung.

Dies ist beispielsweise der Fall, wenn ein Unternehmen sein Absatzgebiet erweitern möchte. Zur Vorbereitung dieser Entscheidung wird eine Besprechung angeregt, deren Teilnehmer ihre länderbezogenen Erfahrungen und Kenntnisse, beispielsweise hinsichtlich der Marktteilnehmer (potenzielle Kunden, Absatzmittler, Konkurrenten), beisteuern können.

Gegenstand der **Problemermittlung** sind grundsätzliche Fragestellungen, die der Vorgesetzte allein nicht beantworten kann. Beispiele hierfür sind:

• Seit geraumer Zeit ist ein permanenter Umsatzrückgang des Unternehmens beobachtbar. Es ist eine detaillierte Situationsanalyse der Chancen und Risiken im Markt- und Wettbewerbsumfeld sowie der unternehmensbezogenen Stärken und Schwächen erforderlich.

• Die Beziehung zwischen der eigenen und einer anderen Unternehmensabteilung ist gespannt. Eine Besprechung kann zur Beziehungsdiagnose dienen, um dann gezielte Maßnahmen zur Entspannung entwickeln zu können.

Bei einer solchen „Lagebesprechung" hält sich der Vorgesetzte zurück. Er kritisiert und korrigiert die Äußerungen seiner Mitarbeiter möglichst nicht. Stattdessen stimuliert er sie und fordert zu vielen Beiträgen auf. Die Anteile der Wortbeiträge des Vorgesetzten und seiner Mitarbeiter an den genannten Besprechungen gibt Abbildung 37 wieder.

Unabhängig von der Besprechungsart bietet sich folgende **Ablaufplanung** an:

- Die Besprechung beginnt mit einer **Standortbestimmung.** Dabei interessiert die aktuelle Situation ebenso wie ein Statusbericht, der frühere Vereinbarungen betrifft.
- Es wird der **Protokollführer** und die **Art des Protokolls** bestimmt (Ergebnis- oder Verlaufsprotokoll der Besprechung). Aus einem Ergebnisprotokoll geht lediglich hervor, was beschlossen wurde und und wer bis wann was zu tun hat. Ein Verlaufsprotokoll äußert sich auch zu dem Besprechungsverlauf.

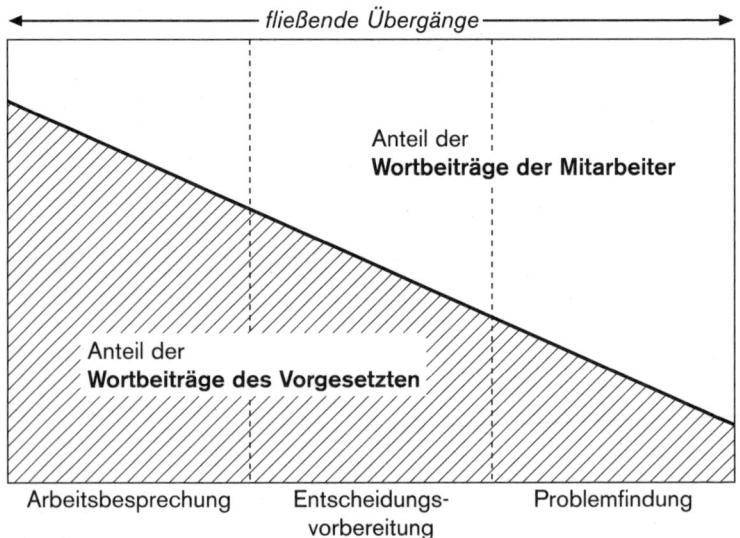

Abb. 37: Anteile der Wortbeiträge bei Besprechungen (Jung 2001, S. 474)

● Die Tagesordnung, die eventuell zuvor per Einladung den Gruppenmitgliedern zugekommen ist, wird nun festgelegt, geprüft, ergänzt oder korrigiert. Es sind klare **Prioritäten** (Tagesordnungspunkte Top 1, 2, usw.) zu setzen.

● Gegebenenfalls kann vereinbart werden, **in welchem Umfang** die einzelnen Tagesordnungspunkte zu behandeln sind, ob z. B.
  – nur ein Statement abgegeben werden soll,
  – die Meinung aller Anwesenden gehört werden muss,
  – eine gemeinsame Entscheidung zu fällen ist,
  – eine Diskussion stattfindet usw.

2.2 Verkaufsgespräch

Das Verkaufsgespräch lässt sich in **fünf Phasen** gliedern:
(1) Eröffnungsphase
(2) Bedarfsermittlung
(3) Produktpräsentation
(4) Argumentation
(5) Verkaufsabschluss.

Die Phasen müssen nicht immer in dieser Reihenfolge ablaufen. Auch können Phasen verschmelzen oder ausfallen, wenn beispielsweise ein Kunde genau weiß, was er will.

Für den erfolgreichen Verlauf des Verkaufsgesprächs ist es in der **Eröffnungsphase** unerlässlich, das **Vertrauen des Kunden** zu gewinnen. Denn wie in jedem Gespräch – so auch beim Verkauf – steht der Mensch und der partnerschaftliche, faire Umgang mit ihm im Mittelpunkt. „Vertrauen entsteht, wenn jemand wirklich zuhört, ernst nimmt, anerkennt, entgegnet, weiterführt und nicht Recht haben muss." (Dommann 1993, S. 759). Dazu trägt insbesondere das effektive **Zuhören** bei: nicht den anderen aus Höflichkeit ausreden lassen und selektiv das hören, was man hören möchte, sondern erfassen wollen, was der andere denkt und fühlt.

Damit ein Kontakt zum Kunden entsteht, sollte der Verkäufer bemüht sein, die **Beziehungsebene** zu **aktivieren** (Simon 2004). Er lädt zum Gespräch ein („Gern helfe ich Ihnen... "), sucht den Blickkontakt und schaut freundlich. So trifft er eine Aussage, „wie" er das Gespräch gestalten möchte. Dann geschieht der Austausch über das „Was" auf der Sachebene.

Zur Bedarfsermittlung stellt der Verkäufer **Fragen**. Diese dienen in erster Linie

- der Informationsgewinnung („Wie groß ist Ihre Küche?", „Welche Holzart bevorzugen Sie?")
- der gekonnten Hinführung („Wollen Sie ein Design, das ein echter Hingucker ist?")

Um die benötigten Informationen vom Kunden zu bekommen, sind offene Fragen besser geeignet als geschlossene.

In der Phase der **Produktpräsentation** ist es sinnvoll, über das Verkaufsobjekt in Originalgröße oder als maßstabsgetreues Modell zu verfügen. Denn reale und funktionsfähige Demonstrationsgegenstände sind verkaufswirksamer als Bild- und Textunterlagen.

Die erfolgreiche **Verkaufsdemonstration** setzt voraus, dass der Verkäufer

- selbst vom Kaufobjekt überzeugt ist,
- das Kaufobjekt verständlich demonstriert,
- den Kunden – durch Ansprache möglichst aller Sinne – zum Mitreden oder Mitmachen aktiviert,
- den Kunden bestätigt und – z. B. durch Lob und Belohnung – positive Verstärkungseffekte gegenüber dem Kaufobjekt auslöst.

Zentrale Bestandteile der **Verkaufsargumentation** sind die Behandlung von Kundeneinwänden und die Preisargumentation.

Kundeneinwände lassen sich einteilen in die drei Kategorien

- Routine-Einwände
  („Bemäkeln" des Kaufobjekts zur Schaffung einer günstigen Position der Preisverhandlung)
- Demonstrations-Einwände
  (Demonstration des Kunden, dass er eine eigene Meinung hat, um sein Selbstwertgefühl zu bestätigen oder zu stärken; es liegen keine echten Zweifel oder Unklarheiten vor)
- Dissonanz-Einwände
  (Kunde empfindet tatsächlich Zweifel und Unstimmigkeiten).

Grundsätzlich empfiehlt es sich, allen Einwänden **positiv**, interessiert und im ständigen Bemühen um Stärkung des Selbstwertgefühls des Kunden zu **begegnen**. Mögliche Methoden, die Einwände zu entkräften, sind der nachfolgenden Aufstellung zu entnehmen.

Einwände im Verkaufsgespräch entkräften
- Methode der bedingten Zustimmung *(Besänftigen, gleichzeitig Gegenargumente liefern)*:
  „Ja, der Staubsauger ist vielleicht etwas teurer. Dafür hat er eine längere Lebensdauer ..."
- Bumerangmethode *(Einwand des Kunden übernehmen und als Ausgangspunkt der weiteren Argumentation nutzen)*:
  „Ja, ein Staubsauger mit Allergikerschutz benötigt Spezialbeutel, die es nur im Fachhandel gibt. Schauen Sie sich mal die Liste kooperierender Händler an ..."
- Transformationsmethode *(Umwandlung des Einwands in eine Gegenfrage)*:
  „Glauben Sie denn wirklich, dass sich die Konkurrenz auf eine dreijährige Garantieleistung einlassen würde?"
- Referenzmethode *(Bezug zu vorteilhaften Erfahrungen anderer)*:
  „XY war auch erst skeptisch, hat aber mittlerweile über beste Erfahrungen mit ... berichtet"
- Entlastungsmethode *(durch Solidarisierung oder Schuldabwälzung den Kunden von seinem Irrtum entlasten)*:
  „Das habe ich ursprünglich auch gedacht ..."
  „Da hat man Sie aber falsch informiert!"
- Kompensationsmethode *(Berechtigte Einwände durch Betonung positiver Aspekte kompensieren)*:
  „Sehen Sie doch bitte andererseits ..., und das sind doch die für Sie wichtigeren Punkte!"

Im Hinblick auf die **Preisargumentation** ist vor allem darauf zu achten, dass der Preis erst gegen Ende des Verkaufsgesprächs genannt wird. Er sollte vom Kunden unmittelbar mit dem dargelegten und demonstrierten Nutzen des Kaufobjekts in Verbindung gebracht werden können.

Zu den möglichen **Techniken** der Preisargumentation zählen:
- Methode der optischen Verkleinerung
  (Nennung des Preises für eine kleine Abnahmemenge)
- Methode der semantischen Verkleinerung
  (sprachliche Zusätze wie „bloß", „lediglich" etc.)
- Methode des Vergleichs mit besonders teuren Varianten
- Methode der Zerlegung des Gesamtpreises in Teilpreise
  (z. B. beim Auto Grundpreis plus Teilpreise für Zubehör)

• Methode der Kompensation des Preisschocks
(Aufzählung der mit Erwerb/Nutzen verbundenen Vorteile).

Fühlt sich der Kunde in der **Phase des Verkaufsabschlusses** zum Kauf genötigt (z. B. durch Zeitdruck), kann die bis dahin aufgebaute Vertrauensbasis zum Kunden und auch das Image des Verkäufers geschädigt werden. Daher sind Abschlusstechniken erst angebracht, wenn der Kunde seine **Kaufbereitschaft** verbal oder nonverbal **signalisiert**. Die Kaufforderung ist dem Kunden so anzutragen, dass auch bei einer negativen oder zurückhaltenden Reaktion das Verkaufsgespräch zum späteren Zeitpunkt fortgesetzt werden kann.

Zu den **Abschlusstechniken** zählen

• die Herbeiführung von Teilentscheidungen, um die Entscheidungshemmung zu lösen und schließlich das entscheidende „Ja" zum Kaufabschluss herbeizuführen

• die Taktik der „besonders günstigen Gelegenheit", die sich kein zweites Mal bietet

• die Taktik der Übertreibung: Unmögliches (z. B. zu große Absatzmenge) vorschlagen, damit Mögliches zugestanden wird.

2.3 Bewerbergespräch

Das Bewerbergespräch dient der Führungskraft dazu,

• in kurzer Zeit ein genaues Bild vom Bewerber zu bekommen

• unrealistische Erwartungen zu entkräften

• so umfassend wie möglich über den potenziellen neuen Arbeitsplatz zu informieren.

Nachfolgend abgedruckt ein Überblick, was der Gesprächsführende in der jeweiligen Phase des Bewerbergesprächs thematisiert.

Phase	Gegenstand der Gesprächsführung
• Anlaufphase	– Warming-up
	– über Gesprächsablauf informieren
• Interviewphase	Wer fragt, der führt!
	– geschlossene Fragen zur Sache
	– offene/unangenehme Fragen zum genaueren Kennenlernen

• Abschlussphase	Vereinbarungen
	– (spätestens) Gehaltsvorstellungen
	– beiderseitige Bedenkzeit klären
	– Feedback/Termin für Bescheid

Die **Anlaufphase** des Bewerbergesprächs dauert etwa 5 bis 10 Minuten. Als Warming-up wird mit dem Bewerber in unverfänglicher Weise über das Wetter, aktuelle Sportergebnisse oder Ähnliches gesprochen. Dieser Smalltalk nimmt ihm die Nervosität. Ein kurzer Überblick des Gesprächsablaufs (Zeiten, Gesprächspartner, eingeplanter Ortswechsel etc.) vermittelt dem Bewerber das Gefühl zu wissen, was auf ihn zukommt.

Während der **Interviewphase** geht der Gesprächsführende nach dem Motto vor: „Wer fragt, der führt!"

Offen gestellte Fragen geben ihm die Gelegenheit, mehr über den psychologischen Hintergrund und die Persönlichkeit des Bewerbers zu erfahren:

„Welche Lebensziele, abgesehen von den beruflichen, haben Sie?"

„Wie würden Menschen, die Sie gut kennen, Sie zutreffend beschreiben?".

Geschlossene Fragen dienen in erster Linie dem sachlichen Informationsaustausch:

„Welche Schwerpunktfächer hatten Sie im Abitur?"

„Wie lange waren Sie bei Ihren letzten Arbeitgebern beschäftigt?".

Durch die Art und Weise, wie der Bewerber auf unangenehme Fragen antwortet, beispielsweise:

„Was sind Ihre Stärken/Schwachpunkte?"

„Warum sind Sie schon so lange ohne feste Anstellung?"
erfährt der Interviewer mehr darüber, ob es sich um einen pessimistischen, eher positiv denkenden oder visionär agierenden Bewerber handelt (Simon 2004, S. 278).

Zudem ist für den Interviewer anhand der Argumentationsführung erkennbar, wie selbstbewusst – im Sinne von „sich seiner Selbst bewusst sein" – der Bewerber ist. So kann er durchaus zu seinen Schwächen stehen und sich zugleich mit seinen Stärken zu verknüpfen wissen („Leider bin ich ein wenig ungeduldig, wenn ich auf dem Weg zum Ziel nicht so schnell vorankomme.

Doch ich habe alle meine bisher im Leben gesteckten Ziele erreicht.")

Die Abbildungen 38 bis 42 geben einen Überblick typischer Fragen im Bewerbergespräch.

Spätestens in der **Abschlussphase** werden die Gehaltsvorstellun-
gen des Bewerbers thematisiert. Der Gesprächsführende informiert
ihn, bis wann er über die Stellenbesetzung Bescheid bekommt.
Möglicherweise gibt er zu diesem Zeitpunkt bereits ein erstes Feedback zum geführten Gespräch und erwägt einen weiteren Gesprächstermin mit dem Bewerber.

- **Ursprungsfamilie**
  - Wie war das früher bei Ihnen zu Hause?
  - Können Sie mir etwas über Ihr Elternhaus erzählen?
  - Haben Sie Geschwister?
  - Welche Stellung in der Geschwisterreihe haben Sie?
  - Wie würden Sie Ihren Vater/Ihre Mutter beschreiben in der Zeit Ihrer Kindheit?
  - Wo und wie sind Sie ihm/ihr ähnlich?
  - Wo und wie sind Sie ihm/ihr unähnlich?
  - Wie könnte die Erziehungsmaxime Ihrer Eltern lauten?
  - Gab es andere Menschen, an denen Sie sich damals orientiert haben?
  - Was haben Sie an denen bewundert?
- **Aktuelle Familiensituation**
  - Wie ist Ihre Familiensituation (Frau/Mann, Kinder)?
  - Wie alt sind Ihre Kinder?
  - Lassen sich Familie und dieser Beruf vereinbaren?
  - Wie stellen Sie sich das vor?
  - Wie steht Ihr Partner zu Ihrer Bewerbung? (bei Wohnortwechsel)
  - Ist Ihr Partner/Ihre Familie einverstanden?
  - Sind Sie bereit, Ihren Wohnort zu wechseln?
  - Wenn ja, in welchem Ausmaß (Bundesland, Europa etc.)?
  - Würde Ihr Partner/Ihre Partnerin Verständnis für Überstunden haben?

Abb. 38: Fragen zur persönlichen und zur Familiensituation (in Anlehnung an Simon 2004, S. 271 ff.; Kienbaum Personalberatung, o. Jg.)

- **Schulbildung**
  - In welchen Schularten waren Sie?

- Wie waren Sie dort jeweils?
- Welche Fächer haben Ihnen in der Schule besonderen/keinen Spaß gemacht?
- Hatten Sie bestimmte Ämter und Posten inne?
- Wie würden Sie Ihr Lernverhalten beschreiben?
- Wie würden Sie Ihren sozialen Umgang während der Schulzeit beschreiben?
- Mit welchen Leuten kamen Sie damals gut zurecht, mit welchen hatten Sie Schwierigkeiten?
- Welche Jobs haben Sie gemacht während der Schulzeit?
- Welche Erfahrungen haben Sie dabei gemacht?
- Welche Ideen hatten Sie am Ende der Schulzeit, was Sie mal studienbezogen/beruflich machen wollten? Was ist daraus geworden?
- **Aus-/Weiterbildung**
  - Wie kam es, dass Sie die Ausbildung gewechselt haben?
  - Halten Sie Ihren Ausbildungsweg für konsequent?
  - Welche Fortbildungsveranstaltungen haben Sie in den letzten drei Jahren besucht?
  - Welche Inhalte der Fortbildung haben Sie konkret umgesetzt?
  - In welchen Bereichen sehen Sie noch Weiterbildungsbedarf oder würden sich gern weiterbilden?

Abb. 39: Fragen zur Schul-, Aus- und Weiterbildung (in Anlehnung an Simon 2004, S. 271 ff.; Kienbaum Personalberatung, o. Jg.)

- **Berufslaufbahn**
  - Wie hat sich die Studienwahl/Berufswahl ergeben?
  - Welche Berufsausbildung hätte Sie sonst noch interessiert?
  - Bei welchen Arbeitgebern waren Sie beschäftigt?
  - Wie lange waren Sie jeweils dort?
  - Welche Funktionsbezeichnung hatten Sie jeweils dort?
  - Welche Aufgaben fielen in Ihren Verantwortungsbereich?
  - Welche Hauptziele haben Sie im letzten Unternehmen verfolgt?
  - Stellen Sie uns einmal einen typischen Arbeitstag dar!
  - Können Sie Referenzen angeben?
  - Sind Sie oft auf Geschäftsreise gewesen? (wenn ja) Was gefällt Ihnen daran, was weniger?
  - Was waren die erfreulichsten/unerfreulichsten Aspekte In ihrem Job?
  - Wir alle machen ja Fehler. Was, meinen Sie, waren Ihre größten Fehler in diesem Job?
  - Weshalb haben Sie die jeweiligen Stellen aufgegeben?

– Wie haben sich Ihre ursprünglichen Erwartungen im bisherigen Berufsleben erfüllt?

– Welche Ideen hatten Sie am Ende Ihres Studiums hinsichtlich Ihrer beruflichen Zukunft?

– Wie haben Sie sich informiert und was haben Sie unternommen?

Abb. 40: Fragen zur Berufslaufbahn (in Anlehnung an Simon 2004, S. 271 ff.; Kienbaum Personalberatung, o. Jg.)

• **Selbsteinschätzung**

– Was sind Ihre Stärken?

– Was mögen Sie an sich?

– Was können Sie gut?

– Was sind Ihre Schwachpunkte/Bereiche, in denen Sie sich noch verbessern können?

– Wie würden Menschen, die Sie gut kennen, Sie zutreffend beschreiben?

(ohne Managementerfahrung)

– Wie würden Sie Ihre Managementphilosophie beschreiben?

– Wie, glauben Sie, wird Ihr Managementstil sein?

(mit Managementerfahrung)

– Wie würden Sie Ihre Managementphilosophie beschreiben?

– Wie haben Sie Ihre unterstellten Mitarbeiter trainiert und gefördert?

– Wie ist Ihr Arbeitstempo: eher langsam, moderat oder schnell? Wann variiert es?

– Wie würden Sie Ihr Planungsverhalten beschreiben?

– Wie verhalten Sie sich unter Stress?

– Welche Dinge irritieren Sie am meisten?

– Wie gehen Sie damit um?

– Was treibt Sie an? Was motiviert Sie?

– Wie ordnen Sie den Stil Ihres Entscheidungsverhaltens ein: systematisch, impulsiv, rational, intuitiv, wie sonst?

– Welche Entscheidungen sind für Sie die schwierigsten? Warum?

– Nennen Sie uns Beispiele der für Sie wichtigsten Entscheidungen in den letzten Jahren und was daraus geworden ist!

Abb. 41: Fragen zur Selbsteinschätzung (in Anlehnung an Simon 2004, S. 271 ff.; Kienbaum Personalberatung, o. Jg.)

• **Zielplanung**
  – Welche langfristigen beruflichen Ziele haben Sie?
  – Welche kurzfristigen beruflichen Ziele haben Sie?
    (innerhalb eines Jahres, der nächsten 2 bis 5 Jahre)
  – Inwieweit hilft Ihnen die angestrebte Stelle, Ihre Ziele zu erreichen?
  – Inwieweit unterscheidet sich das, was wir verlangen und zu bieten haben,
    von den Positionen, die andere Firmen anbieten und Sie interessieren?
  – Wo möchten Sie in fünf Jahren stehen?
  – Welche Lebensziele abgesehen von Ihren beruflichen haben Sie?
• **Privates**
  – Gehen Sie ins Theater, in die Oper, in Konzerte, in Kunstausstellungen
    etc.? Welche Veranstaltungen genau?
  – Spielen Sie ein Musikinstrument? (wenn ja) Musizieren Sie regelmäßig?
    Sind Sie in einer Band?
  – Welche Hobbies und Interessen haben Sie?
  – Treiben Sie Sport? (Einzeln, Mannschaft, welche Rolle)
  – Welche Lesegewohnheiten haben Sie?
  – Wieviel Stunden pro Woche sehen Sie fern?
  – Was schauen Sie sich an?
  – Wie kommen Sie in Ihrer Freizeit mit anderen Menschen zusammen?
    (Freunde/Bekannte, Vereine etc.)

Abb. 42: Fragen zur Zielplanung und zum Privatbereich (in Anlehnung an
Simon 2004, S. 271 ff.; Kienbaum Personalberatung, o. Jg.)

3. Umgang mit schwierigen Gesprächspartnern

Es gibt Gesprächspartner mit Eigenschaften, die den Gesprächsverlauf stören und auch den geübten Kommunikationspartner aus
der benötigten Konzentration und Ruhe bringen. Solche schwierigen Zeitgenossen sind:
• der Vielredner
• der Schweiger
• der Unsachliche
• der Unentschlossene.

Charakteristisch für den **Vielredner** (Abbildung 43) ist, dass er Monologe hält, nicht zuhört und sich ständig wiederholt. So kommt der
Gesprächspartner nicht zu Wort. Wenn es ihm doch mal gelingt,
wird er vom Vielredner unterbrochen. So kommt der Gesprächspartner wieder nicht zu Wort. Wenn es ihm doch mal gelingt...

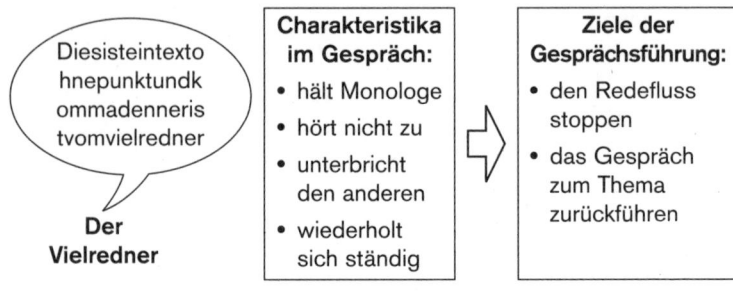

Abb. 43: Ziele der Gesprächsführung mit den Vielrednern

Damit der Gesprächsführende das Gespräch mit dem Vielredner zum Thema rückführen kann, muss er dessen Monolog stoppen. Dieses Vorhaben dürfte schwierig sein. Denn mit verbalen Signalen ist dem Verbalschwall wohl kaum Einhalt zu gebieten. Vielleicht sind **nonverbale Körpersignale** aussichtsreicher:

• den Zeigefinger auf den Mund legen
• Hand auf den Mund des Vielredners legen
• sich abwenden und damit das Gesprächsende kommunizieren.

Im Gegensatz zum Vielredner reduziert der **Schweiger** seinen Wortbeitrag auf ein Minimum (Abbildung 44).

Die Antworten des Schweigers sind eher einsilbig. Eigentlich will der Schweiger gar nicht sprechen. Daher stellt er keine Fragen und gibt keine Kommentare. Wenn er dann doch mal was sagen muss, dann signalisiert er dem Gesprächspartner mit langen Pausen: „Du wolltest ja mit mir reden. Nun musst du warten, bis ich dir was sagen will!"

Wie kann nun der Schweiger aktiviert werden? Ein Ansatzpunkt ist sicher, ihm **Fragen** zu stellen:

„Was meinen Sie dazu? Mich interessiert Ihre Meinung."

„Wie kann ich denn nun erreichen, dass . . . ?" (um Informationen bitten)

„Wie sehen Sie das? Was spricht für A, was für B?" (um Entscheidungsunterstützung bitten).

Der **Unsachliche** ist ein Gesprächspartner, der ausfallend wird und mit persönlichen Angriffen reagiert (Abbildung 45). Er neigt zu Pau-

Abb. 44: Ziele der Gesprächsführung mit den Schweigern

schalierungen („Nie bist du da, wenn ich dich brauche"), wird mitunter laut und brüllt auch.

Wichtig bei der Gesprächsführung mit den Unsachlichen ist, vor allem ruhig und **auf der sachlichen Ebene zu bleiben.** Es kann auf die Unangemessenheit des gezeigten Verhaltens hingewiesen werden: „Ich fände es schön, wenn wir uns wieder auf das Thema konzentrieren könnten!"

Im Hinblick auf die „Wut im Bauch" des Unsachlichen sollte ihm Gelegenheit gegeben werden, sich abzureagieren. Der Gesprächsführende hört ihm aufmerksam zu und ist bereit, ihn zu verstehen. Er setzt das Gespräch in ruhigem Ton fort, indem er inhaltliche Rückfragen stellt. In jedem Fall sollte er Gegenangriffe vermeiden. Diese führen in eine kommunikative Sackgasse und dienen kaum dem eigentlichen Gesprächsinhalt.

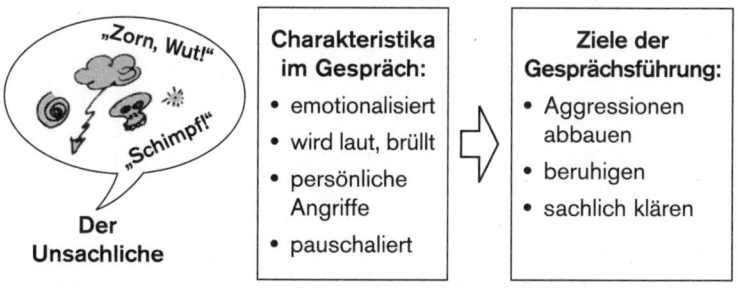

Abb. 45: Ziele der Gesprächsführung mit den Unsachlichen

81

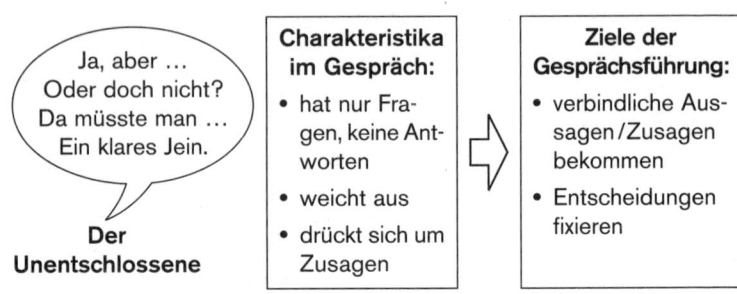

Abb. 46: Ziele der Gesprächsführung mit den Unentschlossenen

Der **Unentschlossene** ist bereits an seinen typischen Redewendungen wie „Ja, aber..." oder Scheinzustimmungen wie „Im Prinzip ja,... " identifizierbar. Er drückt sich grundsätzlich um definitive Zusagen. Stattdessen äußert er Allgemeinweisheiten in der typischen „man"-Form („Da müsste man aber vorher... "). Konkreten Fragen weicht der Unentschlossene aus, weil er für Antworten zu unsicher ist. Denn sollte die Antwort falsch sein, sind aus seiner Sicht Konsequenzen zu fürchten, vor denen dieser Gesprächspartner Angst hat.

So lautet ein wesentliches Ziel für das Gespräch mit dem Unentschlossenen, diesem mehr **Sicherheit** zu **geben**. Dies wird erreicht, wenn der Verunsicherte beispielsweise nach seiner Meinung gefragt und in dieser bestätigt wird. Letztlich soll der Unentschlossene lernen, verbindliche Aussagen zu treffen und zu diesen zu stehen.

IV. Konfliktgespräch und Mediation

1. Konfliktarten und -stufen

Zu einem **Konflikt** kommt es, wenn gleichzeitig zwei oder mehr Ziele, die nicht miteinander vereinbar sind, angestrebt werden (Wellhöfer 2004, S. 190).

Konflikte zeigen sich in vielfältiger Form, beispielsweise als Spannungen, Gegnerschaft, Gegensätzlichkeit von Individuen oder von Gruppen.

Sind sich die Parteien des Konflikts bewusst, handelt es sich um einen **manifesten** Konflikt. Ein **latenter Konflikt** liegt vor, wenn sich die Parteien zwar einer Unvereinbarkeit im Handeln bewusst sind, jedoch noch nicht gewagt haben, den Konflikt zu realisieren oder offiziell zu ihm zu stehen.

Eine andere Einteilung von Konflikten stammt von K. Lewin (siehe unter www.lehridee.de, „Lehren und Lernen", Stichwort „Konfliktanalyse"). Lewin unterscheidet zwischen drei Konfliktarten nach dem Kriterium, dass das Individuum durch bestimmte Kräfte in verschiedene Richtungen gedrängt wird.

• Ein **Annäherungs-Annäherungs-Konflikt** liegt vor, wenn eine Person zwischen zwei Zielen steht, die sie für gleichwertig hält, aber nicht gleichzeitig anstreben kann. Dies ist beispielsweise der Fall, wenn ein Angestellter sowohl in seiner derzeitigen Firma als auch von der Konkurrenz ein attraktives Angebot erhält.

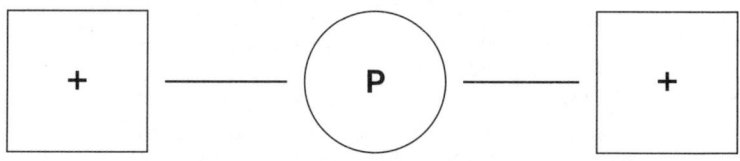

• Muss die Person zwischen zwei Gegebenheiten entscheiden, die sie beide als problematisch oder schlecht empfindet, dann handelt es sich um einen **Vermeidungs-Vermeidungs-Konflikt.** Dieser ist z. B. für denjenigen gegeben, der am liebsten die Sicherheit des Beamtenstatus haben möchte, allerdings auch mit dem höheren Gehalt des Angestellten liebäugelt. Seine Entscheidung für die eine Alternative hat in jedem Fall den Verzicht auf die Vorteile der anderen Alternative zur Folge.

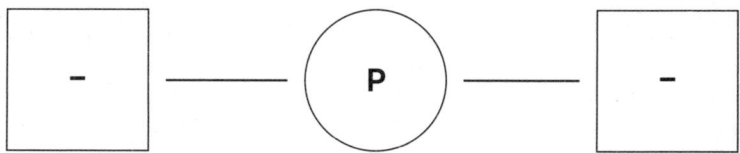

• Beim **Annäherungs-Vermeidungs-Konflikt** ist jede Entscheidung mit Vor- und Nachteilen verbunden, wenn etwa ein sozial gesonnener Unternehmer die Wahl hat, einen Teil seiner Belegschaft zu entlassen oder Insolvenz zu beantragen.

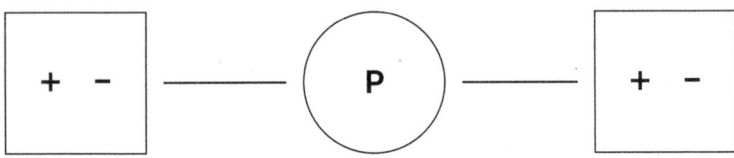

Konflikte werden umso stärker, je intensiver die unvereinbaren Ziele verfolgt werden.

Abbildung 47 nennt **neun Konfliktstufen** und stufenbezogene Instrumente zur Konfliktsteuerung (Glasl 2002).

Bei einem **Streit** „knirscht es" in der Beziehung zweier Parteien. Die Standpunkte verhärten sich. Der Streit geht erkennbar zur **Debatte** über, wenn die Argumentation nur noch vordergründig sachlich ist und der Unterton schärfer wird. Immerhin kann auf diesen ersten Konfliktstufen die Moderation das Instrument zur Konfliktlösung sein (siehe Kapitel C. IV.).

Nun folgen **Taten:** man streut Gerüchte und wirbt um Anhänger. Die gebildeten **Gruppen** von Verbündeten bieten Schutz im Kampf mit dem Gegner. Dieser wird – durchaus öffentlich – abgewertet und persönlich angegriffen, um ihn möglichst das **Gesicht verlieren** zu lassen. Noch ist es möglich, Konflikte mit einer fundierten Beratung zu lösen – solange der Gesichtsverlust nicht zu weit fortgeschritten ist.

Dies ist der Ansatzpunkt für die Mediation, zwischen Parteien zu vermitteln, die sich gegenseitig **drohen** und gegen Vernichtungsschläge des Gegners verteidigen müssen. Auf der Stufe der **Verteidigung** ist bereits Schadensbegrenzung angesagt.

Soll der Gegner als „feindliches System" **zerstört** werden, dann liegt ein Fall für Schiedsverfahren vor – dem letzten Rettungsanker, bevor es **gemeinsam in den Abgrund** geht und nur noch ein Machteingriff möglich ist. Auf dieser Stufe der totalen Konfrontation gibt es keinen Weg mehr zurück. Die Parteien wollen die Vernichtung des Gegners, auch um den Preis der Selbstvernichtung.

Anhand der stufenspezifischen Möglichkeiten zur Konfliktsteuerung wird deutlich, dass das Konfliktgespräch im Sinne einer Bera-

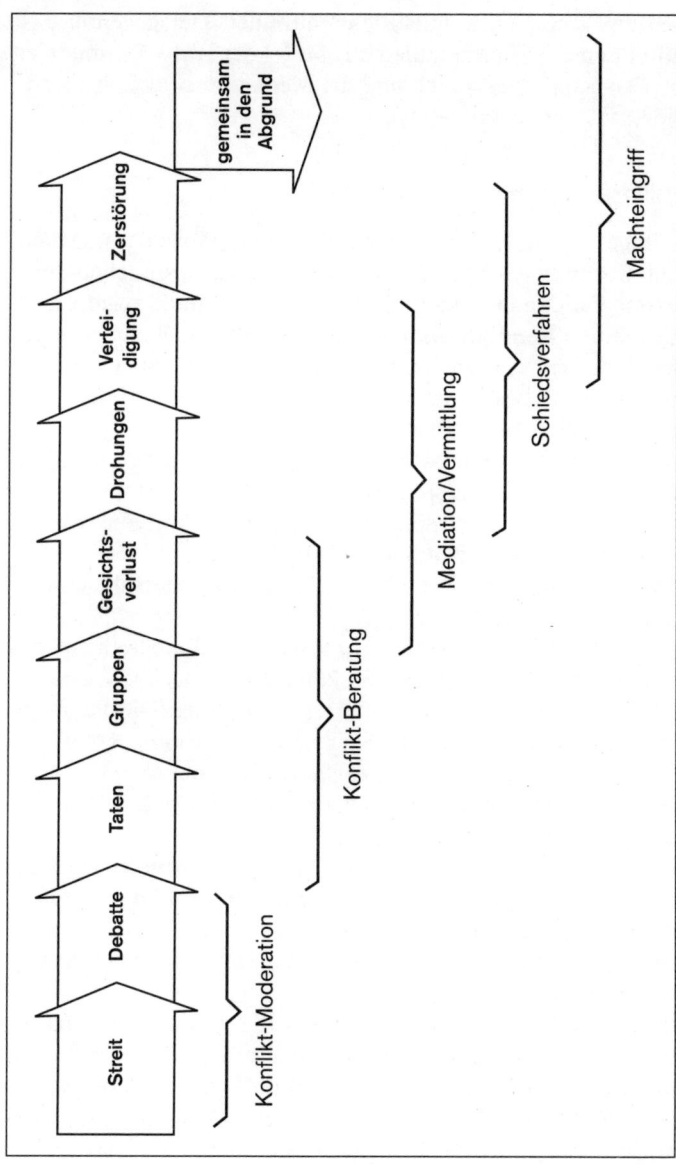

Abb. 47: Konfliktstufen und Instrumente zur Konfliktlösung

tung auf den frühen Konfliktstufen stattfindet. Demgegenüber ist Mediation in den späteren Stufen das Mittel der Wahl, Konflikte zu steuern. Das Konfliktgespräch und die Mediation sind Gegenstand der beiden folgenden Teilkapitel.

2. Konfliktgespräch

Konfliktgespräche zählen zu den unbeliebten Führungsaufgaben. Denn mit Konflikten – und auch mit ebensolchen Gesprächen – entstehen Assoziationen in Richtung „unangenehm" und „negativ". Allerdings können **Konflikte als Chance** einer individuellen und organisatorischen Weiterentwicklung begriffen werden. So kommt es auch auf die Einstellung der Führungskraft an, mit der sie in das Konfliktgespräch geht und wie erfolgreich es verläuft.

Die Phasen des Konfliktgesprächs sowie die Aufgaben der Führungskraft währenddessen sind Abbildung 48 zu entnehmen.

Zur **Vorbereitung** des Gesprächs ist der Konfliktgegenstand zu analysieren. Um welche Konfliktart handelt es sich? Welche Zielsetzungen der Parteien liegen vor und inwiefern unterscheiden sie sich so konfliktträchtig?

In der Einladung zum Gespräch sollte dem Konfliktbeteiligten das Thema konkret genannt werden. So kann auch er sich vorbereiten.

Das **Konfliktgespräch beginnt** mit der Begrüßung. Die Personen werden beim Namen benannt. Zwar ist die „warming up"-Phase recht knapp zu halten, um zügig zur Sache zu kommen. Doch für die Äußerung des Wunschs nach einer für alle Beteiligten tragbaren Lösung ist immer genügend Zeit.

Weiterhin sollte das Einverständnis des/der Partner(s) für das Konfliktgespräch eingeholt und die Gesprächsstruktur dargestellt werden (z. B.: Wer spricht zuerst?).

Darüber hinaus ist mit den Beteiligten der Zeitrahmen für das Gespräch zu erörtern.

Zwecks **Konfliktdefinition** schildert die Führungskraft die **Ist**-Situation (Problemstellung) und die Soll-Situation aus ihrer Sicht. Sie achtet darauf, konkrete Fakten mit Ich-Botschaften anzubringen.

Anhand der Frage: „Wie sehen Sie das?" wird der Gesprächspartner dazu veranlasst, die Situation aus seiner Sicht zu erläutern.

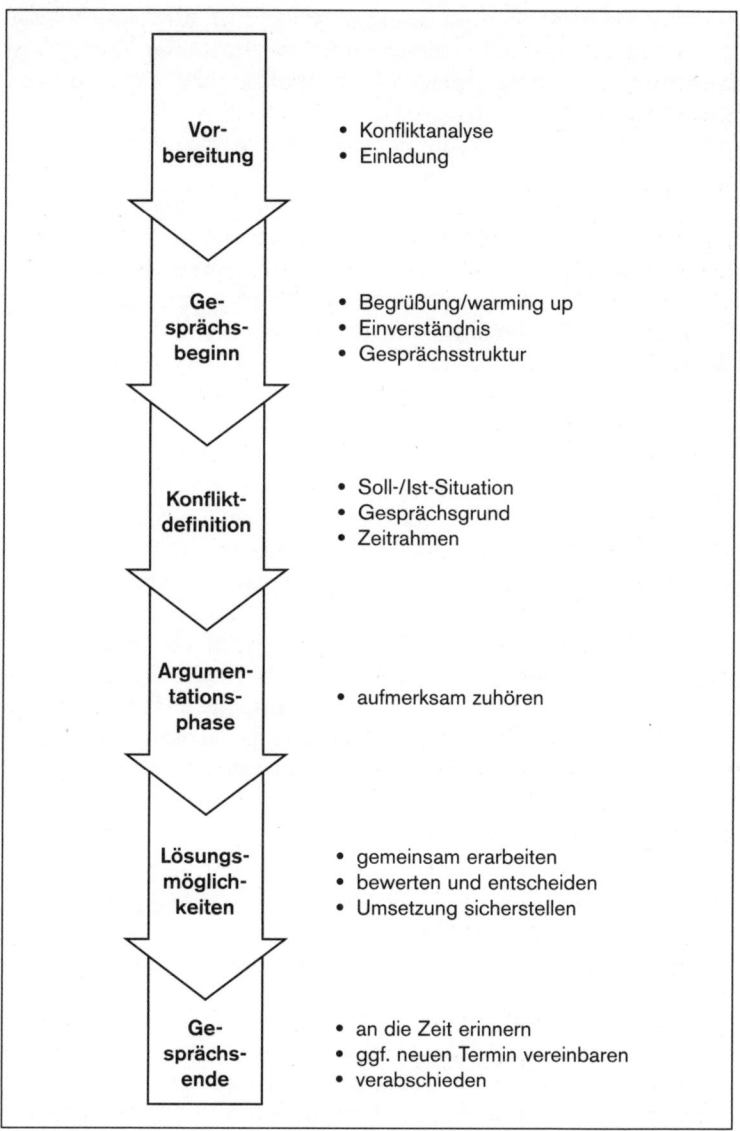

Abb. 48: Phasen des Konfliktgesprächs und Aufgaben der Führungskraft (Gesprächsphasen vgl. Wellhöfer 2004, S. 193)

87

In der **Argumentationsphase** gilt vor allem, sich für die Sichtweise des Mitarbeiters zu interessieren und aktiv zuzuhören. Zugleich ist bemerkenswert, dass gezeigtes Verständnis nicht gleich Einverständnis ist.

Auf der Suche nach **Lösungsmöglichkeiten** wird zunächst gemeinsam reflektiert, welche Problemlösungen bereits versucht wurden, warum sie scheiterten und welche anderen Möglichkeiten es sonst noch gibt. Hierbei können Kreativitätstechniken (z. B. Brainstorming, siehe Kapitel D.IV) hilfreich sein. Gemeinsam bewertet man die Lösungsmöglichkeiten und entscheidet über das weitere Vorgehen. Gibt es noch Bedarf für weitere Informationen? Mit welchen Konsequenzen ist bei den einzelnen Lösungsmöglichkeiten zu rechnen? Gibt es Kompromisse, die für alle tragfähig und umsetzbar sind?

Gegen **Ende des Gesprächs** findet ein erneuter Soll-Ist-Vergleich statt. Einerseits sind wahrscheinlich positive Erkenntnisse erarbeitet worden, die sich günstig auf den zu lösenden Konflikt auswirken. Diese Gesprächsentwicklung gilt es unbedingt seitens der Führungskraft zu verstärken (sich positiv äußern; herausstellen, dass es sich um eine gute Lösung handelt).

Andererseits können neue Konflikte ans Tageslicht gebracht worden sein, die es an späterer Stelle zu bearbeiten gilt. Weiterhin erinnert die Führungsperson an die fortgeschrittene Zeit („Wir haben noch fünf Minuten Zeit.") und vereinbart bei Bedarf – das Einverständnis der Beteiligten einholend – einen neuen Gesprächstermin.

3. Mediation

„**Mediation**" bedeutet in etwa „Vermittlung in Konflikten". Es handelt sich um ein Verfahren zur Konfliktlösung: ein **neutraler Dritter** ohne formale Entscheidungsgewalt versucht, die **Streitparteien zu einigen** und zu einer einvernehmlichen Lösung zu führen.

3.1 Mediator

Der **neutrale Dritte** ist der Mediator. Er vermeidet die Rollen des Richters, Schiedsrichters, Ermittlers oder Therapeuten. Konfliktparteien, die mit ihren eigenen Strategien der Konfliktbehandlung gescheitert sind, beauftragen den Mediator zu vermitteln.

Der Mediator
* sucht Gemeinsamkeiten bei den Parteien,
* liefert an gegebener Stelle Zusammenfassungen,
* leitet insgesamt den Einigungsprozess,
* befragt die Konfliktparteien nach ihren Meinungen und Empfindungen sowie nach Lösungsmöglichkeiten.

3.2 Ziele und Anwendungsgebiete

Im Konfliktfall geht es um konkurrierende Bedürfnisse (nicht um konkurrierende Lösungen) der Parteien. Diese gilt es auszuhandeln, und zwar so, dass nicht nur eine der beteiligten Parteien sich durchsetzt (www.lehridee.de, „Lehren und Lernen", Stichwort „Konfliktmanagement").

Werden die Bedürfnisse beider Seiten weitestgehend berücksichtigt, kann es zum erfreulichen Ergebnis der **„Win-Win-Strategie"** kommen. Da jeder „zu seinem Recht" kommt, bleibt die Basis zur weiteren Zusammenarbeit erhalten. Vielleicht versöhnen sich sogar die Beteiligten.

In jedem Fall ist es im Sinne der Konfliktparteien, wenn die **Mediation anstelle von Rechtsstreitigkeiten** stattfindet. Denn dieser Weg erspart Zeit, Mühe und Kosten und die Justiz wird entlastet. Jede Seite kann die Interessenlage der Gegenseite kennen lernen, ohne dass eine der Parteien öffentlich „an den Pranger" gestellt wird.

Abbildung 49 grenzt Mediation und Rechtsweg voneinander ab.

	Mediation	**Rechtsweg**
Grad der Formalisierung	kaum formalisiert	juristisch formalisiert, z. B. Zivilprozessordnung
Ergebnis	Suche nach Lösung bzw. Kompromiss	Urteil (Schuldfrage) oder Vergleich
Vermittler/ Entscheider	Mediator	Richter
Steuerung	Selbstregulierung	Fremdsteuerung
Freiwilligkeit	für alle Beteiligten freiwillig	für den Beschuldigten unfreiwillig
Orientierung	an der Sache und persönlichen Zielen	an Gesetzen

Abb. 49: Abgrenzung von Mediation und Rechtsweg (Simon 2004, S. 229)

Die **Anwendungsgebiete** der Mediation sind breit gefächert, bei-spielsweise im Sozialbereich, Schul- und Bildungswesen, bei Nach-barschafts- und Umweltkonflikten und bei Erbstreitigkeiten. Im Hinblick auf die Wirtschaft kann die Mediation zwischen Unter-nehmen von der innerbetrieblichen Mediation abgegrenzt werden. Beispiele für Anlässe der **Mediation zwischen Unternehmen** sind

* Schadenersatzforderungen bei Reklamationen,
* Auseinandersetzungen um Lizenzen,
* Kooperationsprobleme bei komplexen Anlageprojekten.

Die **innerbetriebliche Mediation** wird vor allem angewendet bei

* Konflikten in und zwischen Abteilungen,
* Auseinandersetzungen zwischen Betriebsrat und Geschäftslei-tung,
* Konflikten aufgrund von Umstrukturierungen,
* interkulturellen Konflikten in der Belegschaft.

3.3 Mediationsprozess

Damit der Prozess einer Mediation gelingt, sind bestimmte **Grund-prinzipien** einzuhalten.

Fünf Grundprinzipien der Mediation

① Die Teilnahme an dem Verfahren ist freiwillig.
② Der Mediator verhält sich neutral.
③ Der Mediator ist für die Prozessführung zuständig.
④ Nur die Parteien können den Konflikt lösen.
⑤ Das Verfahren ist vertraulich.

Der **Mediationsprozess** lässt sich in acht Phasen gliedern (Abbil-dung 50). Jede Phase hat für den Mediator ihre eigenen Schwer-punkte und Ziele. Auch sind die Phasen im Übergang fließend und können sich mehrfach wiederholen.

Der Prozess beginnt mit **Klärungen** von Informationen. Zunächst stellt sich der Mediator den Parteien vor und lässt sich in seiner Funktion von diesen bestätigen. Weiterhin klärt der Mediator an dieser frühen Stelle sein Honorar, um eventuelle Missverständnisse zu vermeiden. Der geplante zeitliche Ablauf gibt dem Prozess die benötigte Struktur: Die Parteien bekommen das Gefühl zu wissen, was auf sie zukommt.

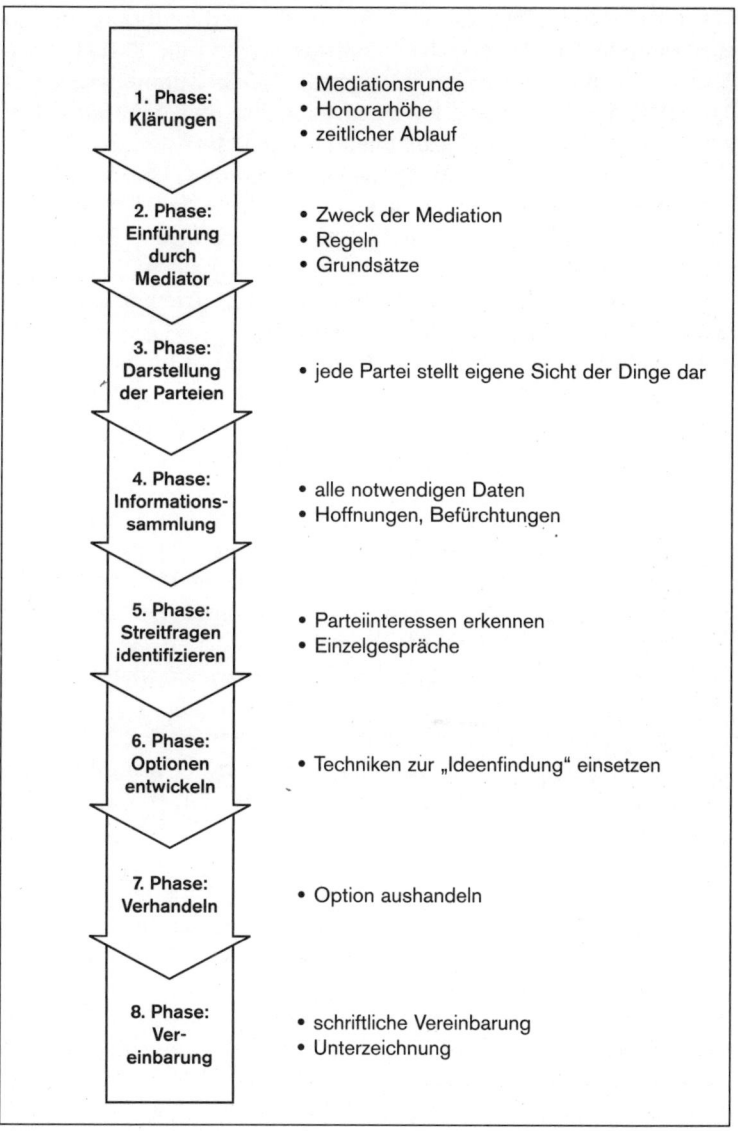

1. Phase:
Klärungen

- Mediationsrunde
- Honorarhöhe
- zeitlicher Ablauf

2. Phase:
Einführung
durch
Mediator

- Zweck der Mediation
- Regeln
- Grundsätze

3. Phase:
Darstellung
der Parteien

- jede Partei stellt eigene Sicht der Dinge dar

4. Phase:
Informations-
sammlung

- alle notwendigen Daten
- Hoffnungen, Befürchtungen

5. Phase:
Streitfragen
identifizieren

- Parteiinteressen erkennen
- Einzelgespräche

6. Phase:
Optionen
entwickeln

- Techniken zur „Ideenfindung" einsetzen

7. Phase:
Verhandeln

- Option aushandeln

8. Phase:
Ver-
einbarung

- schriftliche Vereinbarung
- Unterzeichnung

Abb. 50: Phasen des Mediationsprozesses (in Anlehnung an Simon 2004, S. 229 ff.)

Im fließenden Übergang zur zweiten Phase (**Einführung**) erklärt der Mediator den Zweck der Veranstaltung und die Regeln fairen kommunikativen Umgangs miteinander (z. B. Zuhören). Zudem legt er seinen Grundsatz der Unparteilichkeit und Vertraulichkeit sowie die anderen Grundprinzipien der Mediation dar.

Anschließend werden die **Parteien** aufgefordert, den Anlass der Veranstaltung aus ihrer **Sicht darzustellen.** Dazu erhält jede Partei die Gelegenheit, ohne von der anderen unterbrochen zu werden. Diese Phase offenbart sachliche Aspekte des Konflikts (z. B. welche Schäden entstanden sind; wie bisher mit dem Problem umgegangen wurde) ebenso wie persönliche Verletzungen.

Persönliche Verletzungen sind im Laufe des Konfliktprozesses entstanden und können die Problemlösung behindern. Deshalb zählt es zu den Aufgaben des Mediators, alle notwendigen **Informationen**, die den sachlichen und psychologischen Hintergrund der Standpunkte beleuchten, in Erfahrung zu bringen. Dies betrifft auch die Wünsche, Hoffnungen und Befürchtungen, denen in einer Übereinkunft der Parteien entsprochen werden soll.

Dem intensiven Informationsaustausch folgt die Phase, in der die **Streitfragen** identifiziert werden. Gespräche „unter vier Augen" mit einzelnen Teilnehmern der Mediationsrunde dienen dazu, auch bei starken Spannungen zwischen den Konfliktparteien weiterhin über den Mediator zu kommunizieren.

Sind die Interessen umfassend geklärt, erarbeitet die Mediationsrunde möglichst viele Ideen für **Optionen der Konfliktlösung,** beispielsweise mithilfe des Brainstorming oder anderer Techniken. Die Lösungsmöglichkeiten werden zunächst nicht bewertet, um auch ungewöhnliche Varianten einzubeziehen. Nachdem diese Phase abgeschlossen ist, werden für die selektierten Optionen Maßstäbe angelegt (z. B. anhand von Kostenrechnungen, Gutachten). Resultat sind einige vorbewertete Optionen, die es nun zu verhandeln gilt.

Ziel des **Verhandelns** ist die Vereinbarung. Der Mediator sucht mit den Parteien nach einer oder mehreren Lösungen, von denen beide profitieren und die auch umsetzbar sind.

Nachdem die gewählte Option auf ihre Tragfähigkeit überprüft worden ist und die Parteien sich einig sind, geschieht im letzten

Schritt die **schriftliche Vereinbarung**. Dieses Schlussdokument unterzeichnen der Mediator und die beteiligten Parteien. Je nach Bedarf können Termine zwecks Mediationscontrolling und Folgeverhandlungen vereinbart werden.

3.4 Harvard-Konzept als Variante

Das Harvard-Konzept ist eine **Verhandlungsmethode**, die auch auf Mediationszwecke angewendet werden kann. Die Methode stellt die Interessen der Parteien in den Mittelpunkt. Konflikte sollen im Konsens gelöst werden.

Das Harvard-Konzept baut auf vier **Grundsätzen** zum Führen von Verhandlungen auf:

(1) Die beteiligten Menschen und der Verhandlungsgegenstand sind getrennt zu behandeln.

Um Verständnis füreinander entwickeln zu können, sollten Gefühls- und Beziehungsaspekte der Kommunikationsbeziehungen möglichst losgelöst von dem Sachverhalt berücksichtigt werden.

(2) Im Mittelpunkt der Verhandlung stehen die Interessen der Verhandelnden, nicht ihre Positionen.

So ist es in erster Linie wichtig, warum (und nicht, dass) eine Person aufgrund einer bestimmten Position etwas will, z. B. aus der Position als Erbe oder Unternehmensnachfolger. Die persönlichen Ziele stehen im Vordergrund.

(3) Vor einer Entscheidung sollten mehrere Wahlmöglichkeiten entwickelt und geprüft werden.

Dies bietet den Parteien die Chance, eine Alternative zu finden, die beiden Parteien zusagt.

(4) Das Ergebnis der Verhandlung sollte auf objektiven Entscheidungsprinzipien aufbauen.

Es zählt nicht die Lösung, die die Firma mit der größten Verhandlungsmacht vorstellt, sondern jene, die mehr Interessen beider Parteien zufrieden stellen kann.

V. Präsentationstechnik

Eine **Präsentation** ist eine Veranstaltung, bei der ein Präsentator einem ausgewählten Teilnehmerkreis vorbereitete Inhalte vorstellt (Seifert 2002, S. 49).

In Präsentationen können alle zur Verfügung stehenden Zeichen (Wort, Schrift, Bild, menschliche Ausdrucksfähigkeit) eingesetzt werden. Es gilt, die Adressaten

- zu **informieren** (z. B.: die Mitarbeiter eines Unternehmens werden über organisatorische Veränderungen unterrichtet)
- zu **überzeugen** (z. B.: potenzielle Kunden von Kopiergeräten sollen durch die anwendungsorientierte Präsentation mehrerer Gerätetypen von deren Nutzen überzeugt werden)
- zu **motivieren** (z. B.: ein Projektleiter motiviert die Teilnehmer seines Projektteams, aktuelle Schwierigkeiten zu überwinden und das Projekt fortzusetzen).

Die Ausgestaltung einer Präsentation variiert mit ihrem Thema, Teilnehmerkreis und situativen Faktoren wie Ort und Dauer der Veranstaltung. Somit kann es keine allgemein gültigen Regeln geben, die den Erfolg einer Präsentation garantieren. Allerdings trägt die systematische Vorbereitung einer Präsentation zur persönlichen Sicherheit des Präsentators während der Veranstaltung bei.

So sind die folgenden Ausführungen

- der gründlichen **Vorbereitung** von Präsentationen,
- einigen Tipps zur **Durchführung** der Präsentation sowie
- der Präsentations**nachbereitung** gewidmet.

1. Präsentation vorbereiten

1.1 Thema und Ziel

Thema und Ziel einer Präsentation sind zweierlei.

Mit dem **Thema** einer Präsentation ist der Gegenstand gemeint, über den gesprochen wird. Gegenstand der Präsentation kann beispielsweise ein Projekt, eine bestimmte Unternehmens- und Marktsituation oder eine anstehende Entscheidung sein (z. B. Eintritt des Unternehmens in den ausländischen Markt).

Um die Präsentation ausgestalten zu können, muss das **Ziel** klar formuliert sein.

Denn wer nicht weiß, wohin er will, wird auch nie ankommen.

Die weitere Planung der Präsentation ist auf das Ziel auszurichten. Es werden nur Informationen verwendet, die dem Ziel dienen.

Wird zum Beispiel die „organisatorische Veränderung" eines Unternehmens thematisiert, dann gibt es viele unterschiedliche Ziele für die Präsentation. Zwei mögliche werden kurz erläutert:

• Es kann Anliegen der präsentierenden Geschäftsführung des Unternehmens sein, den Mitarbeitern den notwendigen Umzug in ein anderes Gebäude betriebswirtschaftlich zu begründen (Thema). Das diesbezüglich klar formulierte Ziel lautet dann: „Nach der Präsentation sind die Mitarbeiter informiert und motiviert, tatkräftig beim Umzug zu helfen. Ein diesbezüglicher Arbeits- und Zeitplan wird von den Mitarbeitern selbst bis zum (Datum) erstellt."

• Auch ist es möglich, den Kollegenkreis über neue aufbauorganisatorische Konsequenzen zu unterrichten (Thema) und notwendige Teamstrukturen mit den betroffenen Personen zu bilden (Ziel).

1.2 Zielgruppe

Mit der Zielgruppe ist der Teilnehmerkreis der Präsentation gemeint, der einbezogen wird, um das Ziel zu erreichen.

Um die Präsentation zielgruppenorientiert vorzubereiten, können **„Hilfsfragen"** dienlich sein (Seifert 2002, S. 52):

• Der Personenkreis kann vorgegeben sein, beispielsweise durch einen Auftraggeber. Dann fragt sich der Präsentator:
– Wer ist Teilnehmer?
– Auf wen muss ich die Veranstaltung/das Ziel ausrichten?

• Der Personenkreis kann vom Präsentator frei wählbar sein. In diesem Falle muss er Antworten auf folgende Fragen finden:
– Wer soll bzw. muss dabei sein?
Damit sind thematisch Betroffene ebenso wie jene Personen gemeint, deren Teilnahme aus taktischen Gründen wichtig ist.
– Wie groß wird die Gruppe sein?

Bei Gruppenstärken ab zehn Personen sollte der Präsentator durch einen Partner unterstützt werden.

– Gibt es Gemeinsamkeiten der Teilnehmer (z. B. Alter, Beruf, Vorwissen zum Thema)?

Verfügen beispielsweise die meisten Teilnehmer über geringe thematische Vorkenntnisse, dann sind notwendige Detailinformationen in die Präsentation zu integrieren, die alle Teilnehmer auf einen ähnlichen Kenntnisstand bringen.

– Welches Interesse haben die Teilnehmer an der Veranstaltung?

Es geht um die Einstellungen und Erwartungen jeder Zielperson zum Thema, zum Präsentator, zu den anderen Teilnehmern. Entsprechend dürfen wesentliche Inhalte nicht vernachlässigt werden, um die Interessierten nicht zu enttäuschen. Generell benötigt der Vortragende solche Informationen zur mentalen Einstimmung von sich selbst und der Gruppe auf die Präsentation.

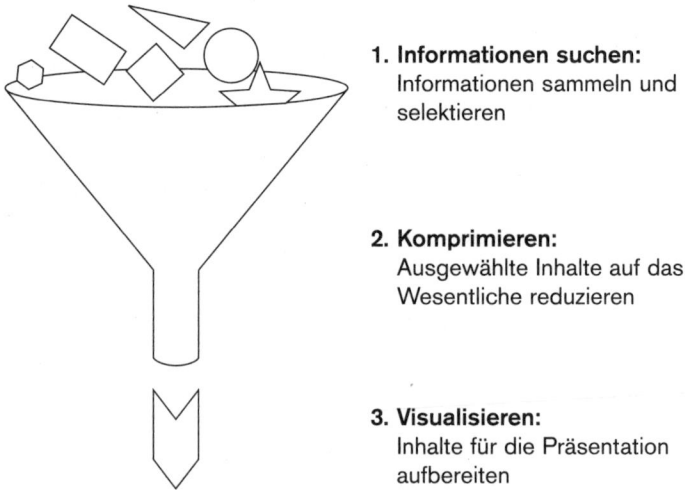

1. Informationen suchen:
Informationen sammeln und selektieren

2. Komprimieren:
Ausgewählte Inhalte auf das Wesentliche reduzieren

3. Visualisieren:
Inhalte für die Präsentation aufbereiten

Abb. 51: Stufen der inhaltlichen Vorbereitung auf eine Präsentation (vgl. Seifert 2002, S. 53)

1.3 Inhalt der Präsentation

Die **inhaltliche Vorbereitung** geschieht in drei Stufen:
* Informationen sammeln und selektieren
* die ausgewählten Informationen auf das Wesentliche reduzieren
* den Inhalt für die Präsentation visualisieren.

Abbildung 51 veranschaulicht die **Stufen der inhaltlichen Vorbereitung** auf eine Präsentation.

Im Rahmen der Informationssuche haben neue Informationen (z. B. Untersuchungsergebnisse) Vorrang vor Bekanntem. Mit Blick auf die Zielgruppe werden die Informationen auf die aussagekräftigsten komprimiert, visualisiert und argumentativ aufbereitet. Es gilt, sich auf das Wesentliche zu beschränken („Weniger ist mehr!").

1.4 Visualisierung der Inhalte

Visualisieren heißt, etwas graphisch darstellen. Gegenstand der Visualisierung können Sachaufgaben, Gefühle und Prozesse sein.

Grafische Darstellungen sind beispielsweise Bilder, Buchstaben, Zahlen, Skizzen etc.

Um die Frage, wozu Visualisierungen dienen, zu beantworten, kann die Erkenntnis wissenschaftlicher Untersuchungen hilfreich sein, dass **der Mensch durchschnittlich**

10 % von dem, was er liest

20 % von dem, was er hört

50 % von dem, was er sieht und hört

70 % von dem, was er selbst sagt

90 % von dem, was er selbst ausführt,

in Erinnerung behält

(www.tu-harburg.de/bp/PräsentationstechnikenNETZ.pdf).

Visualisierungen können das gesprochene Wort zwar nicht ersetzen, aber ergänzen.

Ziele der Visualisierung (Seifert 2002, S. 12) sind,
* die Aufmerksamkeit der Empfänger (z. B. Gesprächsteilnehmer) auf das Wesentliche zu konzentrieren,
* den Redeaufwand zu minimieren,
* optische Orientierungshilfen anzubieten,

- Informationen und Zusammenhänge leichter zu erfassen,
- wesentliche Inhalte zu betonen,
- Gesagtes zu ergänzen und zu vertiefen,
- die „Behaltensquote" zu erhöhen
- die Empfänger zu Stellungnahmen zu ermuntern.

Die Abbildung 52 beinhalten die Steckbriefe der **Medien**, die in der betrieblichen Praxis am häufigsten genutzt werden.

Gestaltungselemente einer Visualisierung sind der Text, die freie Graphik mit Symbolen sowie Diagramme (Seifert 2002, S. 24 ff.).

Im Hinblick auf den **Text als Gestaltungselement** einer Visualisierung ist generell darauf zu achten, dass ...

- ... der Text **gut lesbar** ist:
  Die handschriftliche Texterstellung sollte in Druckbuchstaben erfolgen. Bei maschineller Texterstellung sind gut lesbare Schrifttypen (z. B. Arial) zu bevorzugen.
- ... **Lesegewohnheiten** berücksichtigt werden:
  Die Darstellung beginnt oben links. Es wird von links nach rechts mit Groß- und Kleinbuchstaben geschrieben.
- ... die **vier „Verständlichmacher"** beachtet werden:
  (1) Einfachheit:
    – Kurze Sätze
    – geläufige Wörter
  (2) Struktur/Gliederung:
    – Überschriften und Zwischenüberschriften formulieren
    – optische Textblöcke bilden
  (3) Kürze/Prägnanz:
    – nur die wesentlichen Aussagen
    – „Weniger ist mehr!"
  (4) Zusätzliche Stimulanz:
    – Farben
    – Beispiele
    – freie Graphik und Symbole.

Präsentationsmedium	Beschreibung	Vorteile/Anwendungsfelder	Nachteile
Pinnwand/ Metaplan-Wand	• Hartschaumtafel (125 × 150 cm) • dazu passendes Packpapier • fest montiert oder im Raum frei beweglich	• Arbeit in kleinen Gruppen mit max. 20 Teilnehmern • Karten (Rechtecke, Kreise, Ovale) als Zusatzmaterial anwendbar • zur Präsentation vorbereiteter Darstellungen • zur begleitenden Entwicklung von Inhalten	• Layout-Gestaltung der Wand oft schwierig („Karten-Durcheinander") • Lesbarkeit der Karten • kein späterer Bildabruf möglich (alternativ: abfotografieren)
Flipchart	• transportable Haltevorrichtung für Flipchartpapier (100 × 70 cm, Gestell ca. 180 cm) • mit speziellen Filzstiften zu beschriften	• Arbeit in kleinen Gruppen mit max. 10 Teilnehmern • zur Präsentation vorbereiteter Darstellungen • Darstellungen können sichtbar gehalten werden • Darstellungen können wiederverwendet werden • spontane Ausarbeitungen	• Korrekturen nur durch Überklebung • Lesbarkeit der Schrift • Verführt dazu, mit dem Rücken zum Publikum zu stehen
Whiteboard/Tafel	• Whiteboard: magnethaftende Arbeitsfläche • Beschriftung mit Whiteboard-Stiften beziehungsweise Kreide	• Präsentation vor relativ kleinen Gruppen (max. 30 Personen) • spontan einsetzbar • Technik ist einfach und sicher • Präsentator wird zu mäßigem Vortragstempo gezwungen	• Whiteboard/Stifte müssen vorhanden sein • Präsentation kaum vorzubereiten • kein späterer Bildabruf möglich • sauberes Schriftbild problematisch

Präsentationsmedium	Beschreibung	Vorteile/Anwendungsfelder	Nachteile
Overhead-Projektor	• transportabel • stationär erhältlich • Darstellung auf DIN-A4-Folien • Abmessungen der Projektion je nach Abstand zur Wand	• Präsentation vor kleinen und großen Gruppen (mehrere hundert Personen) • Folien können mit spezieller Software vorbereitet oder situativ entwickelt werden • Folien für wiederholten Einsatz geeignet • Herstellung der Folien schnell und preiswert	• Visualisierungen nur für die Dauer der Projektion sichtbar • Gefahr der Übersättigung (Folienschlacht) • technisches Versagen möglich
Beamer und Co.	• Digital-Projektor zur (direkten) Projektion von Folien, Sprach-, Musik-, Film-sequenzen • Steuerung per Mouse oder Fernbedienung	• technisch anspruchsvolle Multimedia-Präsentation mit umfangreicher Sinnesansprache möglich • Leistungsspektrum von Notebooks, Digitalkameras etc. integrierbar • Technik flexibel aufstellbar • Ausdruck von Folien nicht notwendig	• Gefahr des „Über-powerns" der Präsentation • Eindruck einer „sterilen, glatten" Veranstaltung kann entstehen • hochwertige Ausrüstung/Projektionsfläche notwendig (alternativ: portable Projektionswand mit-nehmen)

Abb. 52: Präsentationsmedien

Freie Graphiken, die der Visualisierung dienen, sind zum Beispiel
- Skizzen
- Umrandungen
- Punkte unterschiedlicher Größe und Farben
- Pfeile und Linien unterschiedlicher Länge und Breite.

Symbole können standardisiert und nicht standardisiert sein. Zu den standardisierten Symbolen zählen u. a.
- Ausrufe-/Fragezeichen, Punkt, Plus-/Minus-/Gleichheitszeichen
- Verkehrsschilder
- Euro-/Dollarzeichen.

Nicht standardisiert sind beispielsweise Darstellungen, die Folgendes symbolisieren:
- wegweisende Hand
- Globus
- Computerbildschirm/-tastatur
- Baum, Schiff, Auto.

Diagramme sind standardisierte Darstellungsformen für bestimmte Sachverhalte (Seifert 2002, S. 28 ff.).

Geläufige Beispiele für Diagramme sind Listen, Tabellen, Kurven-/Säulen-/Balken-/Tortendiagramm und Organigramm. Abbildung 53 gibt einen Überblick, welche Diagrammart für welchen Darstellungszweck geeignet ist.

Da jede Präsentation und visuelle Darstellung je nach Zielsetzung und situativem Kontext variiert, sollen an dieser Stelle lediglich **generelle Empfehlungen zur Gestaltung** von Visualisierungen gegeben werden (Seifert 2002, S. 46; www.lehridee.de).

- Für jede Präsentation und Darstellung in visueller Form gilt: „Weniger ist mehr" oder: **„Im Weglassen liegt die Kunst!"**
  Entsprechend sind soviel wie nötig und sowenig wie möglich der zur Verfügung stehenden Informationen zu visualisieren.
- Je Darstellung (Folie, Pinnwand, Flipchartseite, Graphik) reichen **maximal drei Farben.**
- Im Hinblick auf die **Foliengestaltung** verdienen folgende Aspekte Beachtung:
  – möglichst Querformat
  – während der Präsentation Hoch-/Querformat nicht mischen

Darzustellende Informationen

Art des Diagramms

	Liste	Tabelle	Kurven	Säulen	Balken	Kreise	Organigramm
Aufzählung	×						
Datenzuordnung		×					
Absolute Werte	×			×	×		
Anteile eines Ganzen		×		×		×	
Organisationsstrukturen							×
Aufbau, Zusammensetzung		×		×	×	×	
Entwicklungsverläufe			×				
Gegenüberstellung			×	×	×		
Abläufe	×						×

Abb. 53: Entscheidungsmatrix zur zweckbezogenen Anwendung von Diagrammen (Seifert 2002, S. 40)

- max. sieben Zeilen auf einer handschriftlichen Folie
- Buchstabengröße: mindestens acht Millimeter bzw. 24 Punkte
- leicht getönter Hintergrund, damit die Folie auf der Projektionsfläche nicht zu grell wirkt
- Farbempfehlungen:
  Rot: Verbote, Alarm
  Gelb: Warnung vor Gefahren; Vorsicht ist geboten
  Grün: in Ordnung, volle Funktionsfähigkeit
  Blau: Hilfsfarbe, für Gebote
- „Folienaskese", d. h.: Präsentation nicht mit Folien überladen
- erst Folie zeigen und ausreichend Zeit zum Betrachten lassen, dann kommentieren und Details hervorheben
- vorbereitete Teilfertig-Folien werden vor den Augen der Zielpersonen ergänzt
- beim „Overlay" entsteht das vollständige Folienbild schrittweise durch das Übereinanderlegen vorgefertigter Folien
- werden die Folien schrittweise aufgedeckt (Enthüllungstechnik), sollten die Aufdeckschritte nicht zu klein sein, da sonst das Publikum unruhig wird.
- Für **sinngemäß** zusammengehörende Sachverhalte sollten immer die gleichen **Farben und Formen** verwendet werden, z. B.:
  - Empfehlungen immer blau, Verbote immer rot schreiben,
  - Aussagen auf Rechteckkarten,
  - Wünsche auf Karten in Wolkenform.
- Von freihändig gemalten **„Bildchen"** geht eine besondere stimulierende Wirkung aus (Aktivierung zum Mitmachen; positive Arbeitsatmosphäre).
- Desgleichen gilt für Darstellungen, die **nicht perfekt** sind. Denn zu perfekte „glatte" Bilder wirken kühl und schaffen Distanz.
- Auch Freifläche ist ein Gestaltungselement. Daher muss **ausreichend Platz** freigelassen werden.
- Visualisierungen sollten **getestet** werden, indem Bekannte oder Kollegen die Darstellungen vorab kritisch würdigen.

1.5 Organisatorisches

Zur organisatorischen Vorbereitung einer Präsentation gehört in erster Linie

- zeitliche Ablaufplanung
- Check des Orts der Veranstaltung (Raum, Sitzordnung, Technik)
- Einladung der Teilnehmer
  (Seifert 2002, S. 59 ff.).

Der **Ablaufplan** der Präsentation bietet den Überblick, was von wem mit welchem Medieneinsatz getan wird und wie viel Zeit die jeweilige Tätigkeit benötigt (Abbildung 54).

Um den Vortrag anschaulich und lebendig zu gestalten, kann der Präsentator an entsprechender Stelle Zitate, Metaphern oder aktuelle Informationen (z. B. aus der Tageszeitung) „einbauen".

Der **Raum,** in dem die Veranstaltung stattfindet, sollte ausreichend groß für die Anzahl der erwarteten Teilnehmer sein, sich in ruhiger Lage befinden und vor äußeren Störungen (Telefonate, Besucher) sicher sein. Eine gute Belüftung sorgt für die physiologisch benötigte Sauerstoffzufuhr. Ist der Raum festgelegt, sind beispielsweise folgende Fragen zu klären (Seifert 2002, S. 60):

- Ist der Raum zum benötigten Zeitpunkt verfügbar? Wer nimmt die Reservierung vor?
- Ist der Raum ordentlich? Ist eine Reinigung zu veranlassen?
- Bietet der Raum Sonnenschutz, Verdunklungsmöglichkeiten?

was	wer	womit	Dauer	Notizen
Begrüßung	P 1		2 Min.	Jemand bekannt? Sitzt wo?
Anlass, Thema und Ziel	P 2	Flipchart	3 Min.	Zitat: „..."
Einleitung zum Thema	P 1	Folie	3 Min.	Aktuelle Info zum Thema?
. . .				

Abb. 54: Ablaufplan für eine Präsentation (in Anlehnung an Seifert 2002, S. 59)

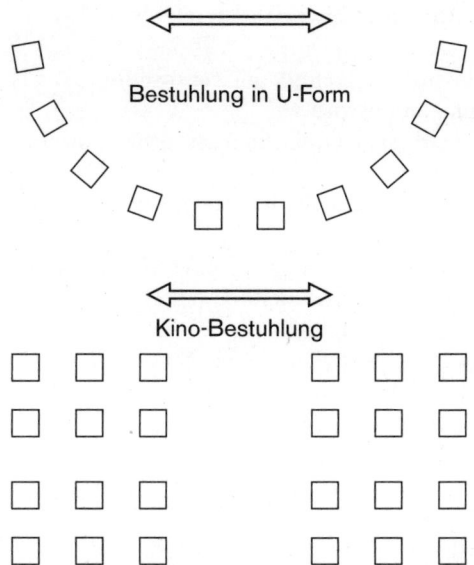

Bestuhlung in U-Form

Kino-Bestuhlung

Abb. 55: Übliche Sitzordnungen (in Anlehnung an 2001, S. 474; Seifert 2002, S. 61)

Übliche **Sitzordnungen** sind der Halbkreis und die U-Form (Abbildung 55).

Sitzen die Teilnehmer in **U-Form,** kann jeder jeden sehen. Dies erleichtert die aktive Beteiligung an der Diskussion. Zudem ist jeder Teilnehmer und auch der Präsentator körpersprachlich wahrnehmbar. Je nachdem, wie die Präsentation angelegt ist, können die Teilnehmer an Tischen arbeiten oder im Stuhlkreis sitzen. Allerdings ist diese Sitzordnung nur für kleinere Gruppen geeignet.

Demgegenüber ist die **Kino-Bestuhlung** platzsparend, weshalb sie eine Präsentation vor größeren Gruppen ermöglicht. Da sich die Teilnehmer nicht oder nur eingeschränkt sehen können, werden Diskussionen erschwert.

Sollte der Präsentator nicht von allen gesehen und gehört werden können, ist gegebenenfalls eine Bühne und eine akustische Unterstützung erforderlich. Ebenso wie bei der U-Form kann auch bei dieser Sitzordnung wahlweise mit oder ohne Tischen gearbeitet werden.

Im Hinblick auf die **Technik am Veranstaltungsort** ist – mit zeitlichem Vorlauf – zu überprüfen,

- ob die erforderliche technische Ausstattung vorhanden und funktionsfähig ist,
- welcher Ansprechpartner im „technischen Krisenfall" helfen kann,
- ob gegebenenfalls ein Kopierer zur Verfügung steht.

Die **Einladung der Teilnehmer** beinhaltet

- das Thema der Präsentation,
- Veranstaltungsort und Raum, gegebenenfalls mit Informationen zur Anreise und Übernachtungsmöglichkeit,
- Zeitpunkt und -dauer der Veranstaltung,
- namentlich den (oder die) Präsentator(en),
- Ansprechpartner für organisatorische Rückfragen.

2. Präsentation halten

2.1 Eröffnung

Abbildung 56 nennt die Bausteine der Eröffnung.

Die **Begrüßung** der Teilnehmer erfolgt pünktlich, also beispielsweise um genau 9 Uhr (und nicht um 9.05 Uhr oder 9.15 Uhr). Der Redner nimmt Blickkontakt zum Publikum auf. So fühlt sich jeder Teilnehmer bereits angesprochen. Dann beginnt er laut und deutlich zu sprechen.

Die **Vorstellung des Redners** kann durch diesen selbst oder durch jemand anderen, beispielsweise den Veranstalter, erfolgen. In jedem

Begrüßung	• Pünktlich beginnen • (Blick-)Kontakt zum Publikum
Vorstellung des Redners	• Selbst-oder Fremdpräsentation • Persönlichkeit präsentieren
Fahrplan	• Ablauf erläutern • Fragen proaktiv beantworten
Beginn der Präsentation	• Aktuelle Info zum Thema?

Abb. 56: Bausteine der Eröffnung einer Präsentation

Falle sollte diese Situation genutzt werden, sich als kompetenter Redner zu präsentieren. Da sind persönliche Qualifikationen hilfreich, die für das Thema relevant sind, z. B.:

- Ausbildung, Referenzen,
- Publikationen in einschlägigen Fachzeitschriften und Verlagen,
- besondere Auszeichnungen und Verdienste,
- langjährige Erfahrungen auf dem entsprechenden Gebiet (z. B. Industrie-, Handels-, Produkt-, Beratungserfahrung).

Eine solche „Papierform" der Kompetenz des Redners muss mit dessen **Persönlichkeit** übereinstimmen. Diese ist zwar nicht erlernbar. Jedoch gibt es einige **Grundregeln**, die ihm bei seiner Profilierung behilflich sind (Nöllke 2005, S. 83 ff.).

Der Redner sollte ...

- ... ehrlich sein (bezogen auf das Gesagte und die eigene Person).
- ... niemanden bloß stellen (auch dem Kontrahenten gegenüber fair sein).
- ... bei Konflikten auf der Sachebene bleiben.
- ... sich selbst von Kritik nicht ausnehmen.
- ... stets gelassen und ruhig auftreten (Nervosität wird mit Unsicherheit und Unreife assoziiert).
- ... Begeisterung für das Thema zeigen, über das er spricht: „Nur wer in sich ein Feuer brennen hat, kann es beim anderen entzünden".

Nach einer kurzen Sprechpause kann der Redner das Thema der Veranstaltung nochmals nennen und dann zum **geplanten Ablauf** („Fahrplan") überleiten. Hierbei greift er proaktiv Fragen und Aspekte auf, die für die Teilnehmer bedeutend sind oder sein können, beispielsweise:

- Wann können Fragen zum Thema geäußert werden? Zwischendurch, am Ende einer Zeiteinheit, vor/nach der Pause?
- Gibt es Teilnehmerunterlagen? Wenn ja: Wann?
- Wann sind Pausen vorgesehen und wie lange? Wie sieht die Versorgung mit Essen und Getränken aus?

Nun wissen die Teilnehmer, was auf sie zukommt und der **Einstieg ins Thema** kann beginnen.

2.2 Hauptteil

Während des Hauptteils spielen neben der Argumentationsführung und dem Senden von Ich-Botschaften sowie dem gezielten Einsatz von Fragetechniken und Körpersprache (siehe Kapitel C.II) folgende Aspekte eine wesentliche Rolle:

- „Attention getters" (Blickfang)
- Umgang mit Störungen
- Tipps für den Abschluss.

Wichtige „Attention getters" sind die Stimme, die Sprache und die Visualisierung (Abbildung 57). Die **Stimme** kann gezielt eingesetzt werden, um

- wesentliche Punkte hervorzuheben,
- die Aufmerksamkeit zu stärken,
- Sinnzusammenhänge zu verdeutlichen.

Letzteres ist beispielsweise der Fall, wenn der Redner eine Darstellung mit mehreren Ebenen erläutert (z. B. Bedürfnishierarchie, Organigramm) und je nach Ebene, wo er sich mit seinen Ausführungen befindet, die Stimmlage ändert.

Sprachlich sind kurze verständliche Sätze mit gezielten Pausen zu bevorzugen. Grundsätzlich sollten geläufige Worte gewählt werden. Fachjargon ist – in Maßen – lediglich vor Fachpublikum angebracht.

Oft sitzen im Publikum **Störenfriede**, die zu viel Aufmerksamkeit auf sich ziehen, den Ablauf und die Atmosphäre der Präsentation stören und andere ablenken. Diesbezüglich können folgende Tipps hilfreich sein (Seifert 2002, S. 71; Nöllke 2005, S. 94 f.):

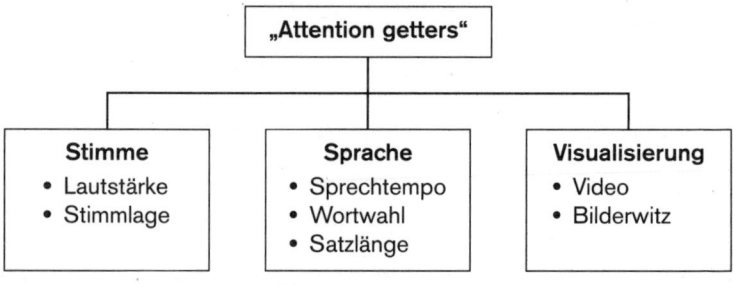

Abb. 57: Beispiele für „Attention getters"

Der Redner sollte...

- ... Ruhe bewahren und keinesfalls persönlich werden.
- ... sachlich und im ruhigen Tonfall zusammenfassen, was der Zwischenrufer gesagt hat, um die Situation zu entschärfen.
- ... zum nächsten Aspekt überleiten, beispielsweise mit der Redewendung: „Lassen Sie mich einen Schritt weitergehen und fragen...".
- ... dem Betreffenden vorschlagen, mit ihm in der Pause die Unterhaltung weiterzuführen.

2.3 Abschluss

Vor Abschluss der gesamten Präsentation ist zunächst das **Thema abzuschließen.** Dies geschieht, indem...

- ... der Redner seine Offenheit für Fragen zeigt
- ... die wesentlichen Punkte der Ausführungen nochmals (extrem) kurz zusammengefasst werden.
- ... der Redner zur Diskussion überleitet und gegebenenfalls das Wort an den Diskussionsleiter übergibt.
- ... ein Appell erfolgt, wenn die Teilnehmer zu konkretem Tun aufgefordert werden (z. B.: „... und nun wünsche ich Ihnen bei der Zusammenstellung der Projektteams gutes Gelingen!").

Zum **Abschluss der Präsentation** bietet es sich an, ...

- ... Feedback von den Teilnehmern einzuholen, das nach der Veranstaltung aufbereitet wird
- ... den Zuhörern für die Teilnahme und Aufmerksamkeit – vielleicht mit einem passenden Bilderwitz – zu danken.

VI. Moderationstechniken

Moderation ist eine Methode, die Arbeitsgruppen dabei unterstützt, ein Thema, ein Problem oder eine Aufgabe

- zielgerichtet
- eigenverantwortlich
- im Umgang miteinander zufrieden stellend und störungsfrei
- an der Umsetzung in die alltägliche Praxis orientiert zu bearbeiten (Hartmann et al. 2000, S. 13).

Die Moderationsmethode ist mittlerweile ein weit verbreitetes Vorgehen in Unternehmen. Sie wird von ausgebildeten Mitarbeitern oder externen Moderatoren ausgeübt. Typische Sitzungen, die moderiert werden, sind beispielsweise Routinebesprechungen auf allen Führungsebenen, Teamsitzungen, die neue Vertriebswege entwickeln oder die Markt- und Kundenorientierung des Unternehmens verbessern wollen sowie Projektteams, die neue Qualitätsstandards einführen und im Unternehmen implementieren möchten.

1. Auftreten eines „guten" Moderators

Eine erfolgreiche Moderation hängt wesentlich von dem Auftreten des Moderators ab.

Ein guter Moderator...

- ... ist inhaltlich unparteilich: Der Moderator hat keine im Voraus festgelegten Arbeitsergebnisse im Visier. Er übernimmt lediglich die Verantwortung für die methodische Unterstützung des Arbeitsprozesses (z. B. bei einer Sitzung oder in einer Projektphase), um das von der Gruppe bestimmte Arbeitsergebnis zu fördern.
- ... bietet situativ sinnvolle Arbeitsmethoden an: Während des gesamten Arbeitsprozesses empfiehlt der Moderator zweckmäßige Verfahren, die nach seiner Erfahrung zum jeweiligen Zeitpunkt des Geschehens sinnvoll sind, um das gesetzte Ziel zu erreichen (z. B. Kleingruppenarbeit; Brainstorming). Er erläutert die Regeln der Methoden und überwacht deren Umsetzung.
- ... ist ein zielorientierter Integrator: Die Ziele des Moderators sind:
  – gute Arbeitsergebnisse und
  – zufriedene Teilnehmer.
- ... ist personenbezogen neutral: Jeder Teilnehmer konstruiert subjektiv seine eigene Wirklichkeit.
  Diese Konstruktionen werden vom Moderator als grundsätzlich gleichwertig erachtet. So bewahrt er die Gruppe davor, die erstbeste Lösung zu favorisieren, den „Querdenker" zu blockieren oder die „Leisen" zu überhören.
- ... bietet Kommunikationsregeln an: Die Regeln sollen den Ar-

beitsprozess unterstützen. Der Moderator kann die Gruppe ermuntern, die Regeln selbst zu formulieren. Beispiele liefert die nachfolgende Aufzählung.

Beispiele für Kommunikationsregeln: Wie wir miteinander sprechen
- Ich spreche stets per „Ich" und nicht per „Man", „Wir" oder „Es", *denn so bekenne ich mich eindeutig zu meiner Meinung.*
- Wir erarbeiten unsere Ergebnisse konsensorientiert, *und nicht auf der Grundlage von Mehrheitsentscheidungen.*
- Bevor ich jemandem widerspreche, wiederhole ich mit eigenen Worten das von ihm Gesagte, *denn so erkenne oder vermeide ich Missverständnisse.*
- Störungen werden vorrangig bearbeitet, *damit wir zügig weiterarbeiten können.*

- ... nimmt eine fragende Haltung ein: Dem Moderator sind vor allem die so genannten „W-Fragen" behilflich (siehe Kapitel C.II, Abbildung 26 sowie nachfolgende Aufzählung). Denn sie sind offen, beinhalten keine gedanklichen Vorgaben für eine Antwort und regen den Informationsaustausch untereinander an.

Typische W-Fragen des Moderators
- Wie kann die Zielformulierung ergänzt oder verändert werden?
- Welche Meinungen stehen noch im Raum?
- Was sagen die anderen zu diesem Vorschlag?
- Wie wollen Sie als Gruppe weiter vorgehen?

- ... fasst das Geschehen in der Gruppe regelmäßig mit eigenen Worten zusammen: Der Moderator teilt der Gruppe mit, was nach seiner Wahrnehmung gerade geschieht oder in den letzten Minuten geschehen ist. So gibt er den Teilnehmern einen Überblick des Geschehens und erleichtert die Orientierung am Ziel der Arbeit.

Wenn in einer Diskussion unterschiedliche Meinungen geäußert werden, wiederholt der Moderator diese. Er hilft den Teilnehmern, sich ein Bild über den Stand des Arbeitsprozesses zu machen und das weitere Vorgehen zu bestimmen, beispielsweise: „In den letzten Minuten wurden von der Gruppe vier Gründe für die zurückgehenden Absatzzahlen des Produkts xy genannt. Erstens ... zweitens ... Mit welchem Punkt wollen Sie sich zuerst beschäftigen?"

Der Moderator sollte nur das wiedergeben, was er wahrnimmt. Persönliche Wertungen, Ideen und Kritik behält er für sich.

- ... visualisiert während der Moderation: Gegenstand der Visualisierung sind
  - Zielformulierungen, Vorgehensweisen, Regeln,
  - Zwischen-/Endergebnisse, auch der Kleingruppenarbeit,
  - offene Fragen,
  - Vorschläge, über die entschieden werden soll,
  - die Sammlung von Ideen, Standpunkten, Lösungsvorschlägen,
  - Maßnahmen, die nach der moderierten Sitzung ergriffen werden.

2. Instrumente

Es gibt zahlreiche Instrumente der Moderation, die im Laufe der Arbeitssitzung eingesetzt werden können. Welches Instrument der Moderator der Gruppe anbietet, ist abhängig von Ziel, Thema und Gruppengröße. Die wesentlichen Verfahren werden nun erläutert.

2.1 Kennenlern-Matrix

Die **Kennenlern-Matrix** ist eine Zusammenstellung von Informationen über die Teilnehmer einer Veranstaltung in Form einer Matrix (Abbildung 58).

Für den Moderator ist die Kennenlern-Matrix zum Einstieg in die Veranstaltung dienlich. Er stellt der Gruppe die vorbereitete Matrix an der Pinnwand vor. Die Überschriften der Kennenlern-Matrix orientieren sich an der Zielgruppe und der Zielsetzung der Veranstaltung.

Wir über uns

Name	Funktion	Ich bin hier, weil ...	Typisch ist für mich ...

Abb. 58: Beispiel einer Kennenlern-Matrix (vgl. Seifert 2002, S. 105)

Um den Teilnehmern zu signalisieren, dass es in der Veranstaltung nicht nur um die Sache, sondern auch um die Menschen geht, sollte eine Spalte dabei sein, die den emotionalen beziehungsweise persönlichen Bereich anspricht. Die Eintragungen werden entweder vor offiziellem Beginn der Veranstaltung oder während der Vorstellungsrunde vorgenommen.

Den Steckbrief zur Kennenlern-Matrix zeigt nachfolgende Aufstellung.

Kennenlern-Matrix
- *Zweck:*
  - zum (besseren) Kennenlernen der Veranstaltungsteilnehmer
  - erster Kontakt mit dem Thema, der Gruppe, der Teilnehmer untereinander
- *Dauer:* 10 bis 15 Minuten
- *Wichtig für den Moderator:*
  - Kennenlern-Matrix vorbereiten (auf Flipchart- oder Pinnwand-Papier)
  - Moderator trägt sich ebenfalls ein
  - darauf achten, dass die Methode nicht zum „Zeitfresser" wird.

2.2 Ein- und Mehrpunkt-Abfrage

Bei der **Ein-Punkt-Abfrage** bereitet der Moderator ein- oder zweidimensionale Antwortraster zur Arbeitsfrage auf einer Pinnwand/ einem Flipchart vor. Jeder Teilnehmer bekommt einen Klebepunkt und setzt ihn an die Stelle seiner Wahl im Antwortraster.

Soll die Stimmung in der Gruppe transparent gemacht werden, heißt die Methode auch „Stimmungsbarometer". Nachdem die Teilnehmer ihre Punkte gesetzt haben, werden diese von dem Moderator zu dem entstandenen Bild befragt, beispielsweise so:

„Wie stellt sich das Ergebnis für Sie dar?"

„Wer möchte etwas zu seinem Punkt sagen?"

Die **Mehrpunkt-Abfrage** ist eine Abstimmungs- oder Auswahlmethode. Die Teilnehmer wählen aus einer Reihe von Alternativen durch die „Punktevergabe" aus (s. u. „Gewichtungsverfahren").

Als Faustregel für die **Anzahl der Punkte** gilt: jeder Teilnehmer erhält Klebepunkte entsprechend der Anzahl der Alternativen dividiert durch zwei (gegebenenfalls abrunden).

Ein- und Mehrpunkt-Abfrage
- *Zweck:*
  - (Stimmungsbarometer) grober Eindruck von Erwartungen, Stimmungen und Meinungen einer Gruppe
  - erster Kontakt mit dem Thema, der Gruppe, der Teilnehmer untereinander
  - (Mehrpunkt-Abfrage) Abstimmungs- bzw. Auswahlverfahren
- *Dauer:* 5 bis 10 Minuten
- *Wichtig für den Moderator:*
  - erst Punkte verteilen, dann Teilnehmer punkten lassen
  - Verfahren ist anonymisierbar (Pinnwand umdrehen)
  - durch Wiederholung des Verfahrens „Vorher-Nachher-Betrachtung" möglich
- *Beispiele:*
  - Stimmungsabfragen zu Beginn und/oder am Ende von Arbeitstagen:
    - „Wie fühle ich mich heute zu Sitzungsbeginn?"
    - „Wie sehr interessiert mich das behandelte Thema?"
    - „Wie sieht meine Motivation zur Mitarbeit aus?"
    - „Wie zufrieden sind Sie mit unserer bisherigen Arbeit?"
  - Die Abfrage kann erfolgen
    - auf einer bipolar ausgeprägten Skala (z. B. „gering" versus „stark")
    - im Koordinatenkreuz (mit zwei Abfragen zugleich).

2.3 Blitzlicht

Zu Beginn des Blitzlichts formuliert der Moderator – oder auch die Gruppe selbst – eine Frage, zu der die Teilnehmer aus ihrer persönlichen Sicht Stellung nehmen sollen.

Ein Gruppenmitglied gibt als erstes eine **kurze Stellungnahme** (Blitzlicht!) zur Arbeitsfrage. Die anderen Teilnehmer schließen sich mit ihren Aussagen nacheinander an.

Es gibt zwei typische **Anwendungsfelder** für das Blitzlicht:
- Die Arbeitsfrage kann sich auf die **Stimmung** in der Gruppe als Momentaufnahme beziehen. Dies ähnelt dem Stimmungsbarometer. Allerdings wird bei der Blitzlicht-Methode keine Visualisierung vorgenommen.
- Das Blitzlicht kann auch als Methode zur **Auswertung** des Tages oder der Veranstaltung insgesamt eingesetzt werden. Die Äußerungen jedes Einzelnen spiegeln dann das empfundene Gruppenklima oder auch die Zufriedenheit mit Arbeitsergebnissen wider.

Die Teilnehmer können auch mitteilen, dass sie nichts sagen wollen.

Nach dem Blitzlicht entscheidet der Moderator über das weitere Vorgehen. Es kann eine Diskussion über das Gesagte erfolgen, wenn beispielsweise Störungen offenkundig wurden und diese vor Beginn oder Fortsetzung der Sitzung zu bearbeiten sind. Auch ist es möglich, mit veränderten oder neuen Regeln weiterzuarbeiten.

Nachfolgend der Steckbrief zum „Blitzlicht"-Verfahren.

Blitzlicht
- *Zweck:*
  - Wünsche, Gefühle und Gedanken jedes Gruppenteilnehmers transparent machen
  - Moderator erhält ein Bild, wie es der Gruppe gerade geht
- *Dauer:* 10 Minuten (mit Aussprache auch länger)
- *Wichtig für den Moderator:*
  - die Beiträge werden nicht kommentiert und auch nicht diskutiert
  - jeder kann, muss sich aber nicht äußern
  - jeder sagt soviel oder sowenig er mag
  - bezieht sich das Blitzlicht auf den Arbeitsprozess der Gruppe, nimmt der Moderator teil
  - persönliche Erfahrungen der Teilnehmer einfordern („Ich-statt-Man-Regel")
  - bes. geeignet bei Spannungen/latenten Störungen
- *Beispiele:*
  - (Bezug zum Arbeitsprozess der Gruppe): Wie fühle ich mich heute zu Beginn des Arbeitstages?
  - (am Abend des ersten Gruppen-Arbeitstages):
    - Wenn ich an die heutige Diskussion denke: „Was bewegt mich jetzt besonders?"
    - Wenn ich an die bisher erzielten Ergebnisse denke: „Was stellt mich zufrieden, wo erwarte ich mehr?"

2.4 Karten-Antwort-Verfahren

Das **Karten-Antwort-Verfahren** beginnt mit einer Arbeitsfrage des Moderators. Die Teilnehmer schreiben ihre Antworten auf Karten, die dann der Moderator einsammelt und kommentarlos vorliest. Anschließend entscheiden die Teilnehmer assoziativ, welche Karten – im Sinne von Überschriften – zusammengehören.

Der Moderator hängt die Karten zu Haufen bzw. Clusters an die Pinnwand. Alternativ kann dieser Schritt durch die gesamte Gruppe geschehen. Sind Kartenzuordnungen strittig, werden sie mit Moderator und Plenum geklärt. Für die entstandenen Cluster können Überschriften gesucht werden, mit denen die Gruppe dann weiterarbeitet. Auch ist es möglich, die Kartenhaufen zu gewichten oder als Aufgaben für die Kleingruppenarbeit zu formulieren.

Karten-Antwort-Verfahren

- *Zweck:*
  - anonymes Sammeln von Themen, Meinungen, Erwartungen, Ideen, Lösungsansätzen
  - gemeinschaftliches Sortieren
- *Dauer:* 60 Minuten (bei komplexen Fragen auch länger)
Beispiel (Finden von Überschriften):
  - „Wie können wir die Überschriften formulieren, so dass wir auch morgen noch das Spektrum dazugehöriger Karten eindeutig erkennen?"
- *Wichtig für den Moderator* (beim Karten-Antwort-Verfahren):
  - Arbeitsfrage präzise formulieren
  - Anonymität der Kartenschreiber nur durch diese aufhebbar
  - auf jeder Karte nur ein Aspekt
  - jeder Aspekt muss selbstverständlich und knapp formuliert sein
  - um die Komplexität zu reduzieren, kann die Kartenanzahl (auf z. B. die drei wichtigsten) reduziert werden
- *Wichtig für den Moderator* (beim Bilden der Cluster):
  - Karten mit ähnlichem Sinn zusammenhängen
  - nicht direkt zuordenbare Karten können zunächst an einer bestimmten Stelle „geparkt" werden
  - Kartenzuordnung im Konsens treffen
  - Karten können kopiert/gedoppelt werden
  - Umordnung der Karten ist möglich
  - keine Karte wegwerfen (Wertschätzung d. Teilnehmer).

2.5 Zuruf-Antwort-Verfahren

Das Karten-Antwort-Verfahren ist sehr auf Anonymität der Teilnehmer bedacht. Dies ist anders beim Zuruf-Antwort-Verfahren.

Beim **Zuruf-Antwort-Verfahren** rufen die Teilnehmer dem Moderator ihre Antworten auf die am Flipchart visualisierte Arbeitsfrage zu.

Der Moderator oder ein Teilnehmer der Gruppe schreibt möglichst wortgleich die Beiträge mit (z. B. auf Folie oder Tafel). Ist eine Antwort sehr umfangreich, fasst der Teilnehmer sie selbst zusammen. Der Moderator darf Beiträge weder verändern noch bewerten.

Zuruf-Antwort-Verfahren

- *Zweck:*
  - unsystematisches Sammeln von Meinungen, Problemen, Themen, Erwartungen, Lösungsansätzen
  - Verfahren ist dann besonders sinnvoll, wenn
    - spontane, originelle Äußerungen besonders gewünscht sind
    - Teilnehmer eine gegenseitige Anregung wünschen
    - kein Bedarf der Anonymität besteht
- *Dauer:* 15 bis 30 Minuten
- *Beispiele:*
  - Ideenfindung für neue bzw. weitere Arbeitsschritte der Gruppe
  - +/– bzw. Vor-/Nachteilbetrachtung
  - Themensuche bzw. -ablage (Themenspeicher)
- *Wichtig für den Moderator:*
  - Beiträge dürfen weder bewertet noch verändert werden
  - wenn die Arbeitsgruppe (noch) nicht spannungsfrei ist, sollte das Karten-Antwort-Verfahren bevorzugt werden
  - für den ersten Meinungsüberblick reicht Flipchart
  - bei differenzierter Weiterarbeit sollten die Zurufe auf Karten für die Pinnwand geschrieben werden.

2.6 Fragen- und Themenspeicher

Oft können Fragen der Teilnehmer während einer Arbeitssitzung nicht sofort beantwortet werden. Oder die Diskussion wirft neue Themen auf, die abseits des eigentlichen Hauptthemas liegen und separat behandelt werden müssen.

Diese Fragen und Themen werden notiert und an einer extra dafür vorgesehenen Stelle, dem **Fragen- und Themenspeicher,** „geparkt" (z. B. an der Pinnwand). Der Moderator vereinbart mit der Gruppe einen bestimmten Zeitpunkt, zu dem sie den Speicher wieder aufgreift und bearbeitet (meistens am Ende der Sitzung; gegebenenfalls auch in einer geplanten Folgesitzung).

Den Steckbrief zum Fragen- und Themenspeicher zeigt folgende Aufstellung.

Fragen- und Themenspeicher

- *Zweck:*
  - angemessener Stellenwert für
    - besondere Bedürfnisse Einzelner
    - bestimmte Störungen in der Gruppe
    - außerdem: gezielte Diskussion einer bestimmten Fragestellung als besonderer Arbeitsschritt
- *Wichtig für den Moderator:*
  - den Zweck eines solchen Speichers erläutern
  - die Teilnehmer über die Fragen bzw. Themen, die in den Speicher kommen, entscheiden lassen
  - den Zeitpunkt bestimmt, wann der Speicher wieder aufgegriffen und bearbeitet wird
  - zum vereinbarten Zeitpunkt an den Speicher erinnern

2.7 Gewichtungsverfahren

Gewichtungsverfahren können zur Bildung von Reihenfolgen oder zur Bewertung bzw. Auswahl von Alternativen eingesetzt werden.

Ausgangspunkt einer **Bildung von Reihenfolgen** kann ein Themenspeicher sein, der im Laufe der Gruppenarbeit entstanden ist. Der Moderator stellt zunächst die Themen des Speichers nochmals kurz vor und verteilt dann Klebepunkte an die Teilnehmer.

Eine Faustregel für die **Punkteanzahl** lautet: Anzahl der Wahlmöglichkeiten dividiert durch zwei (gegebenenfalls abrunden).

Der Moderator stellt eine eindeutig formulierte **Bewertungsfrage,** beispielsweise: „Bepunkten Sie nun diese Themen nach ihrer Wichtigkeit für Sie persönlich!" Die Teilnehmer können auch mehrere, jedoch maximal drei Punkte auf ein Thema kleben. So demonstrieren sie die besondere Bedeutung, die sie dem Thema beimessen. Die Reihenfolge der Themen resultiert aus der Anzahl der geklebten Punkte.

Um **Alternativen zu bewerten oder auszuwählen**, werden Gegensatzpaare formuliert (Abb. 59).

Für das weitere Vorgehen wünsche ich mir:

(erstes Gegensatzpaar)	*(zweites Gegensatzpaar)*
☐ Vorgesetzte bei Sitzungen anwesend	☐ nächste Sitzung mit allen Beteiligten
☐ Vorgesetzte nur informiert	☐ nächste Sitzung nur mit Gruppenvertretern

Abb. 59: Gegensatzpaare

Die Anzahl der Klebepunkte für die Teilnehmer entspricht der Anzahl der Gegensatzpaare (hier: zwei). Die Summen der vorgenommenen Gewichtungen (geklebte Punkte) entscheiden über die Alternativenwahl und offenbaren zudem das Meinungsspektrum in der Gruppe.

Nachfolgend der Steckbrief für das Gewichtungsverfahren.

Gewichtungsverfahren

• *Zweck:*
  – gleichberechtigte Bewertung von Themen, Fragen, Alternativen durch die Teilnehmer
  – nonverbales Verfahren
• *Dauer:* 15 bis 30 Minuten
• *Wichtig für den Moderator:*
  – nur eine Bewertungsfrage für die Gewichtung formulieren
  – Zurückhaltung während des Punktens (auch kein Beobachten, wer wie punktet)
  – Anonymisierung des Verfahrens ist möglich (z. B. Pinnwand umdrehen)
• *Beispiele:*
  – (Bildung von Rangreihen) Gewichtung von Fragen oder Themen eines Themenspeichers
  – (Bewertung von Alternativen) Für das weitere Vorgehen wünsche ich mir
    (a) Startworkshop mit allen Beteiligten
    (b) Startworkshop nur mit Gruppenvertretern.

2.8 Moderierte Diskussion

Während einer Arbeitssitzung gibt es immer wieder Bedarf für moderierte Diskussionen. Auch ist es möglich, dass für einen bestimmten Zeitraum (z. B. 30 Minuten) die Gruppe gezielt bestimmte Fragestellungen diskutiert.

Da es bei einer **moderierten Diskussion** zu einem hektischen Hin und Her von kontroversen, möglicherweise auch chaotischen Argumenten kommen kann, ist die Rolle des Moderators **besonders anspruchsvoll**.

Der Moderator achtet – wie immer – auf die Einhaltung vereinbarter Regeln, macht auf Abweichungen vom Thema sowie mögliche Störungen aufmerksam.

Den roten Faden der Diskussion darf er nicht aus den Augen verlieren. Zudem sollte er sich bemühen, durch Fragen auch „leisere" Gruppenteilnehmer zur aktiven Beteiligung zu bewegen. Darüber hinaus schreibt er während der Diskussion Zwischenergebnisse, Standpunkte und offene Fragen auf.

Moderierte Diskussion
- *Zweck:*
  - permanenter Bedarf während der gesamten Arbeitssitzung
  - außerdem: gezielte Diskussion einer bestimmten Fragestellung als besonderer Arbeitsschritt
- *Dauer:* 30 Minuten (bei gezielter Diskussion)
- *Wichtig für den Moderator:*
  - Zeitrahmen festlegen
  - Spielregeln anbieten
  - Zeit für längere Kaffeepause einlegen, wenn
    - keiner mehr zuhört
    - alle durcheinander reden
    - Verbalattacken geäußert werden
- *Beispiele* (Spielregeln):
  - zeitliche Länge der einzelnen Beiträge vorgeben
  - „Ich lasse den Vorredner ausreden, bevor ich das Wort ergreife"
  - „Bevor ich widerspreche, teile ich mit, was ich vom anderen verstanden habe".

2.9 Kleingruppenarbeit

Die **Kleingruppenarbeit** dient zur intensiven Problembearbeitung. Jede Gruppe umfasst maximal fünf Teilnehmer.

Der Moderator visualisiert Thema und Ziel der Gruppenarbeit. Die Gruppenteilnehmer entscheiden sich, in welcher Kleingruppe sie mitarbeiten. Seitens des Moderators wird den Kleingruppen ein grober Rahmen für die Behandlung ihrer Themen und die Präsentation der Ergebnisse an die Hand gegeben.

Während der Gruppenarbeit sollten die Mitglieder möglichst viel visualisieren. Beispielsweise können nicht ausdiskutierbare Gegensätze als solche gekennzeichnet werden. Anschließend geschieht die Ergebnisdiskussion im Plenum.

Kleingruppenarbeit
- *Zweck:*
  - intensive Problembearbeitung
  - Forum auch für ruhigere Teilnehmer
- *Dauer:* 30 bis 60 Minuten (je nach Arbeitsauftrag)
- *Wichtig für den Moderator:*
  - Wahl zwischen
    - arbeitsteiliger Gruppenarbeit (je Gruppe anderes Thema)
    - konkurrierender Gruppenarbeit (einzelne Themen für mehrere Gruppen)
  - vorbereitete Arbeitsfragen und -schritte erleichtern den Gruppenprozess und die Zusammenführung der Ergebnisse
  - Kleingruppe kann die methodische Beratung seitens des Moderators wünschen.

2.10 Maßnahmenplan

Alles, was es im Anschluss an die moderierte Arbeitssitzung zu tun gibt, wird im **Maßnahmenplan** zusammengefasst.

Der Maßnahmenplan kann nach dem in Abb. 60 folgenden Muster erarbeitet werden:

Was?	Wer?	Bis wann?	Erfolgreich wenn ...	Pate

Abb. 60: Maßnahmeplan

- Es bietet sich an, die „Was"-Spalte in Kleingruppen vorzubereiten.
- Die „Wer"-Spalte beinhaltet nur anwesende Personen als Verantwortliche.

- Die Zeitvorgabe („Bis wann") muss realistisch sein.
- Die Operationalisierung des Erfolgs („Erfolgreich wenn"-Spalte) dient zur (Selbst-)Kontrolle und sagt etwas über das konkrete Ergebnis aus, nachdem die Maßnahme abgeschlossen ist.
- Aufgabe der „Paten" ist, die Umsetzung wichtiger Maßnahmen zu begleiten. Sie erinnern die Verantwortlichen immer wieder an den Zeitplan, bieten sich als Gesprächspartner an und helfen bei auftretenden Schwierigkeiten.

Maßnahmenplan
- *Zweck:*
  - Vereinbarung von Maßnahmen nach der Arbeitssitzung
  - Fixierung der persönlichen Verantwortung und zeitlichen Planung
- *Dauer:* 30 bis 60 Minuten
- *Wichtig für den Moderator:*
  - die Maßnahmen müssen auf Realisierbarkeit überprüft werden
  - Moderator muss die Gruppe vor Selbstüberschätzung bewahren
  - wenn kein Verantwortlicher benannt werden kann („Wer"-Spalte), wird die Maßnahme wieder gestrichen.

D. Kreativität

I. Kreatives Denken

In dem Begriff „Kreativität" steckt das lateinische creare (erschaffen, hervorbringen). Creativity ist das wissenschaftliche Konstrukt der Kreativitätsforschung, die in den 50er Jahren von den USA ausging.

Die Begriffsauffassungen zur Kreativität sind vielfältig. So lässt sich **kreatives Denken** beispielsweise folgendermaßen umschreiben:

- schöpferische Begabung, schöpferisch sein (Hentig 1998, S. 14),
- einerseits neuartig und originell, andererseits sinnvoller und erkennbarer Bezug zur Problemlösung (Brockhaus 1996),
- hervorragende Denkfähigkeit zur Lösung schlecht strukturierter und definierter Probleme sowie Mut zum „spielerisch-ausschweifenden Denken, wo Betrachtungsweisen gewechselt und neue Erfahrungsfelder durchforstet werden" (Schlicksupp 1992, S. 65).

Man unterscheidet die ästhetische und problemlösende Kreativität.

Die **„ästhetische" Kreativität** ist Selbstzweck.

Dies ist beispielsweise der Fall, wenn der Künstler eine Symphonie, ein Bild oder ein Gedicht schafft (Nütten/Sauermann 1988, S. 67).

Die **„problemlösende" Kreativität** ist Mittel zum Zweck.

Kreativität als Mittel zum Zweck liegt beispielsweise vor, wenn...

- ... der Kreativdirektor einer Werbeagentur die Anzeigenkampagne zielgruppenorientiert gestaltet, damit der Umsatz der beworbenen Leistung steigt.
- ... ein Ingenieur durch die technische Weiterentwicklung einer Maschine die Kosten für den Maschinenbetrieb senken kann.
- ... ein Marketingplaner durch zielgruppenspezifische Konzepte mit entsprechenden Maßnahmen (z. B. Produktvarianten, differenzierte Werbekampagne) angestrebte Ziele (z. B. Marktanteil, Image) wie gewünscht erreicht.

II. Erkenntnisse der Kreativitätsforschung

Bis in die späten 50er Jahre war das Phänomen der Kreativität eine wissenschaftlich kaum beachtete menschliche Fähigkeit. Kreativität galt als ein angeborenes Attribut des Genies und wurde dem Schaffensbereich der Kunst zugeordnet (Schlicksupp 1993, S. 69). Diese enge Sichtweise ist längst durch die Kreativitätsforschung erweitert worden. Einige diesbezügliche Erkenntnisse werden nun erläutert.

Kreativität entsteht durch die gemeinsame **Nutzung beider Gehirnhälften.**

Das menschliche Gehirn besteht aus einer **linken** und einer **rechten Hemisphäre** mit unterschiedlichen Funktionszentren (Abbildung 61). Das Nervensystem des Körpers ist – abgesehen von Ausnahmen (z. B. Sehzentrum) – überkreuz mit dem Gehirn verbunden. Deshalb werden die Funktionen der linken Körperhälfte von der rechten Hemisphäre gesteuert und umgekehrt.

Die Hemisphären sind durch einen Balken (Corpus Callosum), bestehend aus 200 Millionen Nervenfasern, verbunden. Über das Corpus Callosum kommunizieren die beiden Gehirnhälften miteinander und ergänzen sich je nach Bedarf wechselseitig.

Die **einseitige Überbetonung** der einen Gehirnhälfte erschwert den Zugang zur anderen.

So überbetont das gegenwärtige Schulsystem tendenziell die Tätigkeiten der linken Hemisphäre. Zeichnerische und gestalterische Qualitäten können nicht genügend zum Ausdruck gebracht werden. Rechtshirndominierte Menschen sind häufig sehr verspielt und kommen zu keinem Ergebnis oder können dieses nicht vermitteln.

Weiß man um diese Funktionsweisen des Gehirns, so ist es nachvollziehbar, dass es zu Missverständnissen kommen kann, wenn rechtshirn- und linkshirndominierte Menschen zusammenarbeiten und kommunizieren. Derartige Erkenntnisse gilt es beispielsweise bei der Gesprächsführung zu berücksichtigen (siehe auch „Transaktionale Analyse", Kap. C. I.2).

Auch für Planer ist dieses Wissen wichtig. Denn zur Planung werden sowohl kreative als auch analytische Fähigkeiten benötigt.

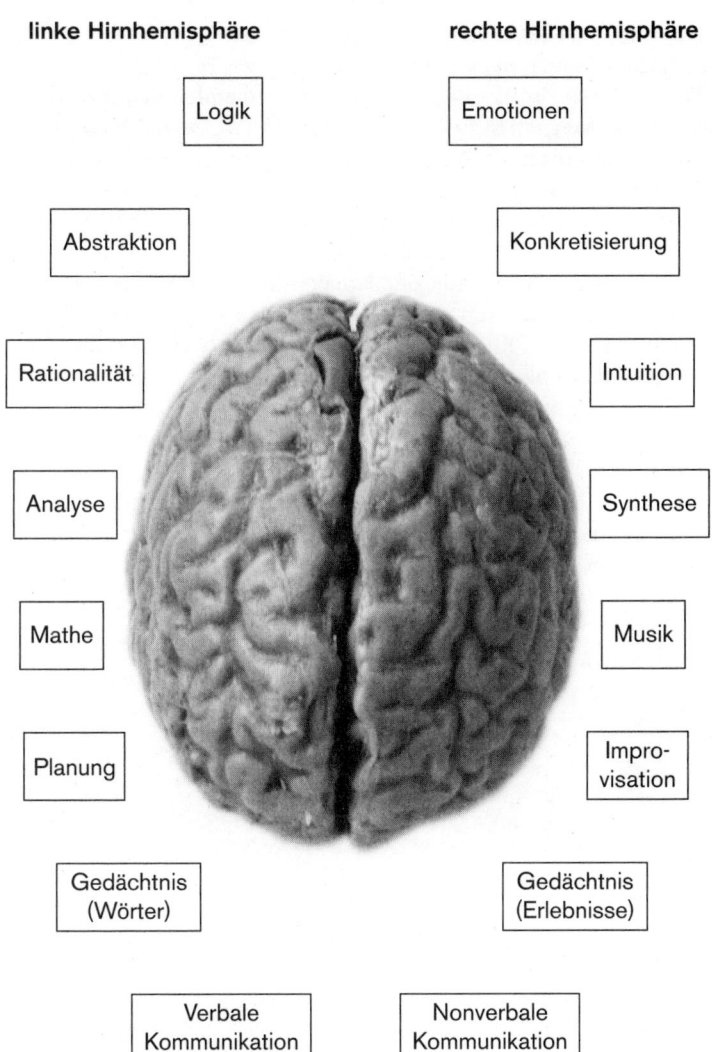

linke Hirnhemisphäre

rechte Hirnhemisphäre

Logik

Emotionen

Abstraktion

Konkretisierung

Rationalität

Intuition

Analyse

Synthese

Mathe

Musik

Planung

Improvisation

Gedächtnis (Wörter)

Gedächtnis (Erlebnisse)

Verbale Kommunikation

Nonverbale Kommunikation

Abb. 61: Gehirn-Hemisphären und ihre Funktionen

Jeder Mensch besitzt ein kreatives Potenzial, das gefördert werden kann, oftmals jedoch gehemmt wird.

Wir sind von zahlreichen **kreativitätshemmenden Faktoren** umgeben. „Viele Menschen können ihr kreatives Potenzial nicht entfalten, weil sie durch die Art ihrer Erziehung in der Familie und ihre Erfahrungen bei der Ausbildung und im Beruf systematisch blockiert worden sind und heute noch – teilweise unbewusst – blockiert werden." (Sellnow 1997, S. 4).

Eine bekannte Blockade der Kreativität, die wir selbst erfahren oder anderen Menschen antun, geht von den so genannten „Killerphrasen" aus, die überall und ständig geäußert werden, ob privat oder am Arbeitsplatz (Abbildung 62)

Weitere Kreativitätsblockaden sind:

- … Selbstverständlichkeit (scheinbar Selbstverständliches wird nicht hinterfragt)
- … mit Fakten „füttern" (statt zu fragendem Nachdenken und Problemlösen anzuregen)
- … fehlendes Zutrauen durch Dritte

Abb. 62: Beispiele für Killerphrasen

- • ... strenger Anspruch auf Gehorsamkeit (in Familien- und Arbeitsstrukturen)
- • ... Ansichten wie „Dazu haben wir keine Zeit!" (statt „Gedanken schweifen lassen" Flucht in reaktives Denken)
- • ... interne individuelle Blockaden, beispielsweise:
  - − Pessimismus (kein Mut zu kreativen Experimenten)
  - − Angst („vor Angst gelähmt sein" verhindert bewusstes und eigenständiges Problemlösen und Handeln)
  - − Vorurteile (Aspekte werden ausgeklammert, weshalb Ergebnisse suboptimal sind)
  - − Konformismus (Wunsch nach Übereinstimmung mit den Werten anderer verhindert Eigenständigkeit).

III. Kreativität im Unternehmen

Aus dem Blickwinkel von Unternehmen besteht ein wesentlicher Zusammenhang zwischen **Kreativität und Innovationsfähigkeit.** Unternehmen müssen innovationsfähig sein, um ihren Erfolg sicherzustellen. Dieser Zusammenhang lässt sich auch folgendermaßen formulieren (Backerra et al. 2002, S. 5):

Innovationsfähigkeit = Ideenfindung (Kreativität) + Ideenrealisierung

Die Ideen für Innovationen – beispielsweise neue Produkte, technische Verfahren, Organisationsstrukturen – werden oft eher zufällig gefunden. Nur wenige Unternehmen setzen gezielt kreativitätsfördernde Instrumente ein.

Ein weiteres Problem ist die **Schwerfälligkeit vieler Organisationen.** Diese kann anhand des Eisbergprinzips dargestellt werden (Abbildung 63).

Bestimmend für unser Verhalten sind sowohl **formale, materielle Aspekte** als auch ungeschriebene Gesetze und Mythen (Backerra 2002, S. 32 f.). Die formalen Aspekte sprechen das logisch-rationale Potenzial des Menschen im Unternehmen an. Die Aspekte sind zwar wichtig, hemmen aber die Kreativität der Mitarbeiter. Sie sind relativ leicht aufzudecken (an der „Oberfläche" des Eisbergs) und gezielt veränderbar. Ein Beispiel hierfür ist, wenn eine Stelle mit

10 % sichtbar
- Aufbau- und Ablaufstruktur
- Richtlinien, Vorschriften, Handbücher
- Planung, Controlling
- finanzielle Ressourcen etc.

**90 % ungeschriebene
Gesetze und Mythen**
- Einstellung zur Firma, zum Produkt/Kunden
- Art der Entscheidungsfindung
- Umgangsformen
- Traditionen, Kultur, Werte, Atmosphäre
- praktizierter Führungsstil etc.

Abb. 63: Das Eisbergprinzip (in Anlehnung an Schaar 1994)

mehr (Führungs-)Verantwortung ausgestattet wird. Dies kann den Stelleninhaber zu mehr Leistungsbereitschaft und Kreativität motivieren.

Die **ungeschriebenen Gesetze und Mythen** sind „im Wasser verborgen". Aspekte wie der praktizierte Führungsstil, das gelebte Leitbild des Unternehmens, die Einstellungen zu den Produkten und Kunden etc. sind von außen nicht direkt sichtbar und den Mitarbeitern oft nicht bewusst. Dem „Eisbergprinzip" folgend bestimmen sie allerdings wesentlich die Kreativität und zu 90 % die Leistungsfähigkeit des Menschen.

Beide Bereiche können die Kreativität der Mitarbeiter blockieren. Schlicksupp differenziert zwischen soziologischen und psychologischen Blockaden. Beispiele für soziologische Kreativitätsblockaden im Unternehmen sind:
- zu viele Komitees und Gremien,
- zu viele Routinearbeiten,
- zu wenig Zeit für schöpferische Tätigkeiten,

- Kritik und Zweifel durch Dritte,
- mangelnde Anerkennung neuer Ideen,
- zu hoch gesteckte Ziele.

Zu den psychologischen Blockaden zählen u. a.:

- Suche nach dem Perfekten,
- Hemmungen, sich zu äußern,
- Neigung zu gewohnten Verhaltensweisen,
- Zufriedenheit mit dem Erreichten,
- zu wenig Vertrauen in die eigenen Fähigkeiten.

IV. Ausgewählte Kreativitätstechniken

1. Brainstorming

Die Technik des Brainstorming wurde von Alex Osborn, einem der Gründer der Werbeagentur BBDO, in den 1930er Jahren entwickelt (Nütten/Sauermann 1988, S. 191 ff.).

Sinngemäß bedeutet **Brainstorming** die Erstürmung eines Problems durch die von der Gruppe repräsentierte Gehirnkapazität.

Regeln für Brainstorming-Sitzungen

- Während der Ideenproduktion ist Kritik streng verboten (keine abfälligen Worte, Gebärden [z. B. Lachen]; keine Killerphrasen)
- „The wilder the ideas, the better".
- Quantität geht vor Qualität: Je mehr Vorschläge, umso größer ist die Chance brauchbarer Ideen.
- Genannte Ideen werden durch die Gruppe weiterentwickelt (Ideenketten bilden).

Neben generellen Regeln während der Brainstorming-Sitzung sind bei deren Vorbereitung und Durchführung auch **organisatorische Regeln** zu beachten:

- 4 bis maximal 10 Personen nehmen an der Gruppensitzung teil. Die Teilnehmer sollten
  - fachlich heterogen sein, damit eine umfassende Problembehandlung gewährleistet ist
  - etwa gleichgestellt sein, denn von vorgesetzten Teilnehmern geht eine blockierende Wirkung aus.

- Die Sitzung findet am besten in hellen, freundlichen Räumen statt und dauert ca. 15–20 Minuten, bei geübten „Brainstormern" bis zu einer halben Stunde.
- Das zu lösende Problem wird bereits in der Einladung schriftlich dargestellt und zu Sitzungsbeginn durch den zuständigen Fachmann in maximal 5 Minuten nochmals geschildert.
- Alle Vorschläge werden protokolliert (z. B. am Flipchart oder Tageslichtprojektor).
- Der Sitzungsleiter greift nur ein,
  - wenn Teilnehmer gegen die Regel „keine Kritik" verstoßen
  - wenn die Sitzung in eine Flaute gerät.
  Ist Letzteres der Fall, gibt es Kniffe, die eine Sitzung wieder in Schwung bringen können. Der Seminarleiter kann die Vorschläge wiederholen, um den Gedankenfluss anzuregen, eigene Reserveideen einbringen, die Sitzordnung verändern oder eine kurze Sitzungspause veranlassen.
- Am Sitzungsende bekommt jeder Teilnehmer eine Kopie der Ideenliste mit der Bitte, sie eventuell zu ergänzen.
- Die (ergänzte) Ideenliste wird gegliedert in drei Gruppen:
  Gruppe I: sofort verwertbare Vorschläge
  Gruppe II: Vorschläge, die eingehend geprüft und zur weiteren Verwertung vorbereitet werden müssen
  Gruppe III: unbrauchbare Vorschläge
  Von den 80 bis 100 Vorschlägen, die in 20 Minuten produziert werden können, sind etwa 10 % verwertbar.

2. Methode 6-3-5 (Brainwriting)

Analog zum Brainstorming sollen sich die Teilnehmer des Brainwriting durch ihre Ideen wechselseitig anregen. Dies geschieht allerdings auf dem schriftlichen Wege.

Bei der **Methode 6-3-5** produzieren sechs Teilnehmer einer Problemlösungsrunde schriftlich jeweils drei Ideen zur Lösung des gestellten Problems. Sie haben hierfür fünf Minuten Zeit.

Ist dies geschehen, wird das **Formular** (Abbildung 64) im Uhrzeigersinn an den nächsten Teilnehmer weitergegeben. Dieser entwickelt innerhalb von fünf Minuten drei neue Ideen. Dabei kann er die Ideen seiner Vorgänger ergänzen beziehungsweise variieren oder vollkommen neue Ideen produzieren.

Die Sitzung endet nach 30 Minuten, wenn jeder Teilnehmer nach fünfmaligem Weiterreichen seinen ursprünglichen Bogen zurückbekommt. Es sind maximal 108 Ideen produziert worden. Diese werden dann selektiert.

Angesichts der schriftlichen Form vermeidet die Methode 6-3-5 die Gefahr, dass eine Person verbal eine bestimmende Rolle einnehmen könnte. Zudem werden alle Teilnehmer aktiviert, auch die eher zurückhaltenden Typen, die möglicherweise gute Ideen haben, sie aber nicht artikulieren können oder sich nicht trauen, dieses zu tun.

Problemstellung (Was können wir tun, um ...?)

A1 erster Vorschlag von Person A	A2 zweiter Vorschlag von Person A	A3 dritter Vorschlag von Person A	**Person A**
B1 erster Vorschlag von Person B	B2 zweiter Vorschlag von Person B	B3 dritter Vorschlag von Person B	**Person B**
C1 erster Vorschlag von Person C	C2 zweiter Vorschlag von Person C	C3 dritter Vorschlag von Person C	**Person C**
D1 erster Vorschlag von Person D	D2 zweiter Vorschlag von Person D	D3 dritter Vorschlag von Person D	**Person D**
E1 erster Vorschlag von Person E	E2 zweiter Vorschlag von Person E	E3 dritter Vorschlag von Person E	**Person E**
F1 erster Vorschlag von Person F	F2 zweiter Vorschlag von Person F	F3 dritter Vorschlag von Person F	**Person F**

Abb. 64: Formblatt zur Methode 6-3-5

3. Osborn-Checkliste

Osborn („Erfinder" des Brainstorming und der in Abbildung 65 gezeigten Checkliste) beobachtete folgendes Phänomen:

Bei **Gruppenarbeit** werden nur einige wenige Aspekte des gegebenen Problems betrachtet. Für die wenigen Aspekte entwickelt man zahlreiche ähnliche Ideen. Diese Ideen wiederum enthalten keinen substanziell neuen Gesichtspunkt oder eine neue Lösung. Diese **suboptimale Problemlösung** führte Osborn darauf zurück, dass die Phasen der Ideengewinnung und -bewertung zeitlich nicht getrennt praktiziert werden.

Die **Osborn-Checkliste** mit neun Kategorien (Abbildung 65) dient zur kreativen Veränderung von Produkten und Verfahren. Das betroffene Produkt oder Verfahren wird anhand der Checkliste auf Variationsmöglichkeiten untersucht. Findet eine Gruppenarbeit statt, dann protokolliert jemand die gewonnenen Ideen per Pinnwand, Flipchart o. Ä. Es darf nicht kritisiert werden und keine Überprüfung der Ideen hinsichtlich ihrer Durchführbarkeit stattfinden. Denn es gilt zu verhindern, dass sich die Gruppe zu früh mit einer gefundenen Lösung zufrieden gibt.

Wird die Osborn-Checkliste individuell angewendet, dann kann die Anfertigung eines Mind Maps hilfreich sein (siehe nächstes Kapitel).

Im Anschluss an die Ideengewinnung findet die Auswahl verwendbarer Vorschläge statt. Nicht durchführbare Vorschläge regen eventuell später stattfindende neue Suchprozesse an. Bis dahin sind sie „zwecks Wiedervorlage" zu archivieren.

4. Mind Mapping

Die Methode des Mind Mapping wurde Anfang der 70er Jahre von Tony Buzan entwickelt. Der Begriff „Mind Mapping" ist bisher nicht in die deutsche Sprache übersetzt. „Mind" ist vielfältig interpretierbar, z. B. als Erinnerung, Inspiration, Geist, Assoziationen, Gedankenarbeit.

Die Methode dient – kurz gesagt – dazu, sich Notizen zu machen. Dabei möchte sie die Funktionen der „logisch denkenden" linken Gehirnhälfte mit jenen der „bildhaft denkenden" rechten Gehirn-

(1) Was ist ähnlich, welche Parallelen gibt es?
- Brief
- E-Mail
- Telegramm
(2) Wie kann man es anders verwenden, wie nach Modifikation gebrauchen?
als Eintrittskarte verwenden
(3) Wie kann man es modifizieren?
- Pop-up-Karte (Standbild)
- Karte mit Geruch
(4) Wie oder was kann vergrößert werden? Höher?
Länger? Zusammenfügen? Mehr Zeit? Heller? Lauter?
- Glückwunsch auf Plakat
- Glückwunsch als Buch
(5) Wie oder was kann verkleinert werden? Kürzer? Was weglassen? Aufteilen?
Karte in Briefmarkengröße (mit Lupe)
(6) Durch was kann man es ersetzen? Anderes Material? Prozess veränderbar?
- Video
- CD mit Glückwünschen
(7) Wie kann man es umstellen? Vertauschen? Andere Reihenfolge?
- Glückwunschtext auf der Rückseite
- als Beilage
(8) Wie kann man es umkehren? Ursache und Wirkung vertauschen?
- Karte an sich selbst
- Beileidskarte
(9) Womit kann man es kombinieren? Mit anderen Ideen verbinden?
- Schatzkarte (für Geschenk)
- als Flaschenpost

Abb. 65: Osborn-Checkliste (am Beispiel einer Glückwunschkarte)

hälfte verbinden. Wenn wir kreativ sind, denken wir nicht in komplexen Formulierungen, sondern in Stichworten und assoziierten Bildern. Unser Denken können wir anhand von „Mind Maps" visualisieren.

„**Mind Maps**" (etwa: „Landkarten des Gehirns")
- sind die Ergebnisse des „Mind Mapping",
- unterstützen sprunghaftes Denken und Spontaneinfälle,
- bieten einen strukturierten Überblick komplexer Sachverhalte,

- visualisieren Zusammenhänge, Strukturen und deren Wirkrichtungen.

Generell wird Mind Mapping zum **Strukturieren und Visualisieren von Problemstellungen** angewandt.

Spezielle Anwendungsfelder sind:

- Planung (persönliche (Lebens-)Planung; Projekte ...)
- Problemlösung (privat und beruflich)
- Zusammenfassungen (z. B. von einem Buch oder Seminar, einer Sitzung ...)
- Budgetierung (privat und beruflich)
- Anamnese (Krankheitsgeschichte) zwecks Diagnose und Therapie
- Lesen (Artikel, Bücher; s. u.).

Die Struktur eines Mind Maps entspricht der **Ansicht eines Baumes aus der Vogelperspektive**: von einem Stamm in der Mitte führen einige Hauptäste ab, von denen wiederum zahlreiche kleine Zweige und Nebenzweige abgehen.

Um ein **Mind Map anzufertigen**, benötigen Einzelpersonen einen quer gelegten DIN-A4- oder DIN-A3-Papierbogen. Denn Ideen brauchen genügend Raum, um sich entwickeln zu können. Bei Anwendung des Mind Mapping in der Gruppe ist ein Flipchart o. Ä. hilfreich.

In der Blattmitte beinhaltet ein Kreis oder eine Wolke knapp das Thema oder die Problemstellung. Von dem Kreis gehen Hauptäste aus, die das Thema in einzelne Bereiche gliedern. An den Hauptästen befinden sich beliebig viele Zweige und Nebenzweige, die mit entsprechenden Stichwörtern (keine Erläuterungen/Sätze!) beschriftet werden. Das Gehirn verknüpft jedes Stichwort spontan mit Gedankenbildern und Assoziationen. Zudem gibt es individuelle Schlüsselwörter, die Assoziationen mit Gedankenbildern und Ideen auslösen.

Wichtig ist die Gestaltung des Mind Map mit

- verschiedenen Farben für Zweige, Äste und Hauptäste, um diese Strukturebenen unmittelbar unterscheiden zu können
- übersichtlichen Symbolen, Bildern und Piktogrammen, z. B.:
  - „Uhr" (Zeit, Termine)
  - „Blitz" (Einspruch)

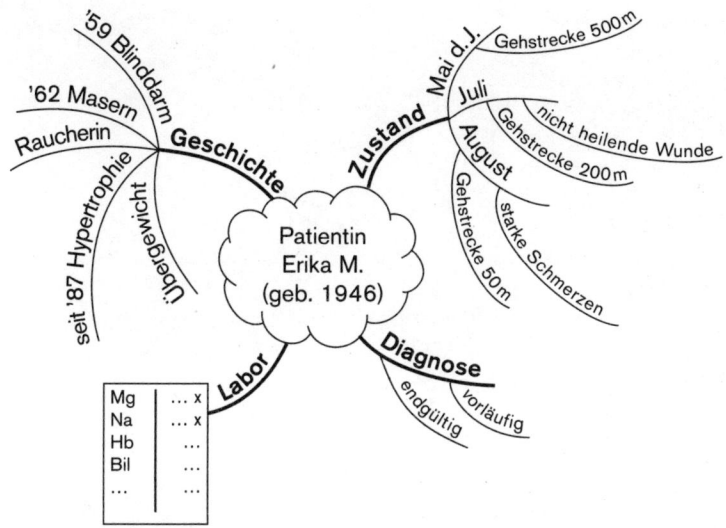

Abb. 66: Mind Map zur ärztlichen Diagnose

– „Pfeil" (Zusammenhänge)
– „Zeigefinger" (Aufpassen!).

Im Rahmen einer **Auswertung des Mind Maps** können die Hauptäste durchnummeriert werden. Es ergibt sich eine Reihenfolge, z. B.
der zu bearbeitenden Teilprobleme oder der Kapitel einer wissen-
schaftlichen Arbeit. Gibt es an einem Ast sehr viele Assoziationen,
dann ist dies ein möglicher Hinweis auf ein neues Mind Map.

Abbildung 66 zeigt das Beispiel eines Mind Maps zur ärztlichen
Diagnose anhand einer Krankengeschichte.

Neben den genannten Anwendungsfeldern ist ein weiteres das Lesen und **Lernen mit Mind Maps** (Abbildung 67). Svantesson (1995,
S. 116 ff.) empfiehlt folgendes Vorgehen:

• Überblick des ganzen Textes verschaffen: Der Leser „überfliegt"
  den Text und achtet dabei auf Besonderheiten (z. B. ob Wörter
  kursiv, fett, unterstrichen sind). Zugleich liest er die Unterschrif-
  ten aller Abbildungen und gegebenenfalls die Zusammenfassungen größerer Textpassagen.

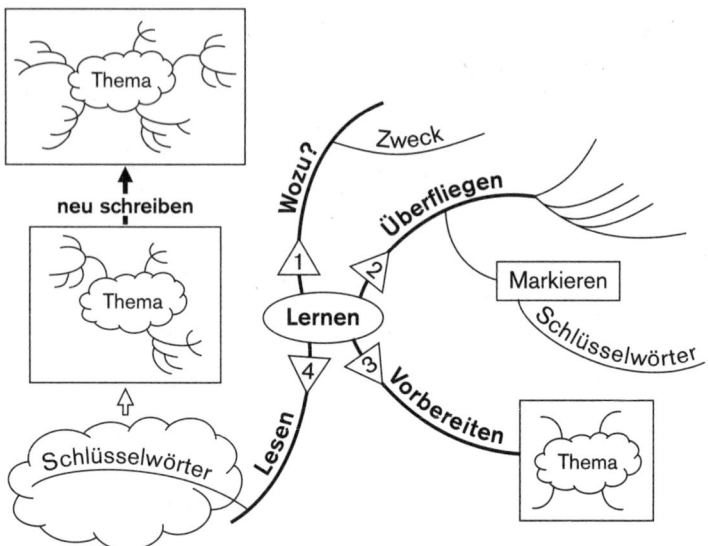

Abb. 67: Lernen mit Mind Map (in Anlehnung an Svantesson 1995, S. 77)

- Frage stellen: „Wozu lese ich diesen Text?" Der Leser setzt sich ein oder mehrere Ziele für das Lesen. Diese bestimmen zugleich Genauigkeit und Zeitaufwand des Lesens. Anknüpfend an den ersten Schritt werden mit Leuchtstift wichtige Wörter markiert.
- Innere Verknüpfungsstruktur der Informationen erkennen: Jeder Text ist anders, weshalb auch alle Umsetzungen in Mind Maps verschieden sind. Mögliche Verknüpfungsstrukturen sind:
  – Chronologien (Biografien; Prozesse)
  – Vergleiche (entweder oder; Vor-/Nachteile).
- Mind Map anfertigen (erste Fassung)
- Text aufmerksam lesen, Mind Map ergänzen: Man liest den Text absatz- oder kapitelweise und fügt jeweils neue Assoziationen oder Schlüsselwörter ins Mind Map ein.
- Das (ergänzte) Mind Map wird noch einmal neu geschrieben.

Diese Vorgehensweise ermöglicht, schneller zu lesen und viel Zeit für die angenehmen Dinge des Lebens zu gewinnen. Zugleich wird

Abb. 68: Ihr persönliches Mind Map zur Planung der nächsten Woche (vgl. Svantesson 1995, S. 127)

die Gedächtnisleistung angeregt. Die Visualisierung des Inhalts erlaubt seine nachhaltigere Speicherung: **„Ein Bild sagt mehr als tausend Worte."**

In Abbildung 68 sind Sie selbst an der Reihe! **Lernen Sie, mit Hilfe von Mind Maps zu planen!** Es geht um Ihre nächste Woche (Beispiel aus Svantesson 1995, S. 126 f.).

Wahrscheinlich besitzen Sie einen Kalender mit Tages- und Stundeneinteilungen. In einem solchen Kalender ist Zeit wichtiger als der Inhalt. Damit Ihnen klar wird, was zu erledigen wichtig ist, gehen Sie folgendermaßen vor:

- Tragen Sie auf einem quer gelegten Papierbogen „um die Wolke herum" alle Aktivitäten ein, die Sie in der nächsten Woche erledigen müssen (mit Hauptästen, Ästen und Zweigen).
- Setzen Sie nun Prioritäten, indem Sie mit farbigen Stiften Kennungen wie A – B – C oder 1 – 2 – 3 an die Aktivitäten schreiben.
- Erst jetzt tragen Sie die täglichen Pläne in Ihr Tagebuch oder Ihren Kalender ein. Denn so stellen Sie den Inhalt über die Zeit und haben die Chance, die wichtigen Dinge zuerst zu erledigen.

5. Walt-Disney-Strategie

Walt Disney praktizierte eine Kreativitätsstrategie, die auch von anderen Menschen für die Verwirklichung ihrer Ziele und Projekte systematisch genutzt werden kann.

Walt Disney versetzte sich im Laufe des kreativen Prozesses nacheinander in **drei Rollen**:

- Der Träumer, der neue Ideen hervorbringt.
- Der Realist, der ausgewählte Ideen in Pläne umsetzt.

- Der Kritiker, der die Pläne konstruktiv im Hinblick auf ihre Schwachstellen überprüft.

Um in diese Rollen schlüpfen zu können, kann es gegebenenfalls sinnvoll sein, sich auf drei unterschiedliche Stühle zu setzen oder in drei verschiedene Räume zu begeben.

Der **Träumer** lässt seiner Phantasie freien Lauf. Im Träumerraum werden Visionen geboren und neue Ideen entwickelt. Dabei ist es völlig egal, ob die Visionen oder Ideen realistisch sind, ob sie klappen können, sich lohnen usw.

Der **Realist** plant für die Ideen des Träumers deren Verwirklichung: finanzielle Mittel, beteiligte Personen, Materialien, Zeitplan etc. Dabei stellt er (sich) die Frage: **Wie** lässt sich die Idee des Träumers umsetzen? (Er fragt also nicht, ob sich die Idee umsetzen lässt.)

Der **Kritiker** betrachtet die Ergebnisse des Realisten und „zerfetzt" den Plan, um Schwachstellen, Fehler und Illusionen zu entlarven. Er stellt (sich) konstruktive Fragen, z. B.: Welche Chancen und Risiken beinhaltet der Plan? Was könnte verbessert werden? Was wurde eventuell übersehen? Lässt sich die Idee patentieren?

Letztlich bewertet der Kritiker die Pläne konstruktiv nach dem Gesichtspunkt, was sinnvoll und machbar ist. Wenn der Kritiker überhört wird, kann es passieren, dass bei der Ideenverwirklichung ein zuvor nicht bedachtes Problem zum Verhängnis wird und das Vorhaben scheitert.

Die Walt Disney-Strategie ist **mit der Mind Mapping-Methode verknüpfbar.** Hierfür bietet sich folgende **Vorgehensweise** an:

- 1. Schritt: Festlegung der Ziele
  „Was will man erreichen?"
- 2. Schritt: Es wird ein Mind Map in der Rolle des Träumers erstellt
  „Was ist alles möglich, um die Ziele zu erreichen?"
- 3. Schritt: Das Mind Map wird – mit einem andersfarbigen Stift – ergänzt um die realistische Perspektive
  „Wie lässt sich das umsetzen?"
- 4. Schritt: Das Mind Map wird wiederum andersfarbig ergänzt um die Perspektive des konstruktiven Kritikers
  „Woran könnte es scheitern und wie lässt sich dieses Risiko ausschalten oder minimieren?"

• 5. Schritt: Die einzelnen Ideen werden bewertet. Dann wird jene bestimmt, die sofort umgesetzt werden soll.

Die Zeitdauer der einzelnen Schritte ist abhängig von der Komplexität der Fragestellung.

6. Morphologischer Kasten

Den Begriff „**Morphologie**" prägte J. W. von Goethe. 1796 gabe er das erste Heft seiner Zeitschrift heraus mit dem Titel: „Zur Naturwissenschaft überhaupt, besonders zur Morphologie".

Es handelt sich um ein Kunstwort (griechisch „morphé" = Form, Gestalt, Figur, sowie „logie" = Lehre). Damit gemeint ist die „Lehre von der Gestalt", die als etwas Bewegliches, Werdendes und Vergehendes zu verstehen ist, nicht als etwas Fertiges, Abgeschlossenes und Statisches.

Der **morphologische Kasten** ist eine analytisch-systematische Kreativitätstechnik, bei der das zu lösende Problem in seine wesentlichen, voneinander unabhängigen **Gestaltungsparameter** zerlegt wird. Diese sowie ihre Ausprägungen werden in einer **Matrix** („Kasten") zueinander angeordnet.

Abbildung 69 zeigt beispielhaft den generellen Aufbau der Matrix: Im vorliegenden Fall besteht der morphologische Kasten aus vier Parametern mit unterschiedlicher Anzahl von Parameterausprägungen.

Parameter	Parameterausprägung				
A	A1	A2	A3	A4	A5
B	B1	B2	B3		
C	C1	C2	C3	C4	
D	D1	D2	D3	D4	D5

Abb. 69: Aufbau des morphologischen Kastens (Quelle: Gamber 1996, S. 111)

Um einen morphologischen Kasten zu erstellen, bietet sich folgende **Vorgehensweise** an:
• 1. Schritt: **Analyse** und Definition des Problems

Teil-probleme	Einzellösungen				
Wecken durch	Klingeln	Musik	Ansage	schütteln	grelles Licht
Wecksignal stoppen	auf Zuruf	Gewichts-entlastung	Ansage	typische erste Tätigkeit	
Erinnerung	keine	anderes Signal	Wieder-holung, stärker	Schmerz zufügen	Wasser-strahl
Weckzeit-eingabe	Tastenfeld	Sprach-eingabe	Zeigerein-stellung	Suchlauf	
Energie-quelle	von Hand	Erschüt-terung	Strahlen-energie	Stromnetz	Batterie
Energie-speicher	Gewicht	Feder	Druck-behälter	Magnet-speicher	keiner

——— **Lösung 1:**　　　　　－－－－ **Lösung 2:**
　　　Das Weckbett　　　　　　**Der sprechende Wecker**

Abb. 70: Ideenfindungsprozess für einen neuartigen Wecker anhand des morphologischen Kastens (vgl. Geschka 2003, S. 43)

- 2. Schritt: Bestimmung der **Gestaltungsparameter**
  Die Gestaltungsparameter müssen diesen Ansprüchen genügen:
  - logische Unabhängigkeit (damit die Ausprägungen zu vonein-ander unabhängigen Gesamtlösungen kombiniert werden kön-nen)
  - allgemeine Gültigkeit (Parameter sollten auf sämtliche Lösun-gen zutreffen)
  - Relevanz (wegen Übersichtlichkeit des Kastens)
  - möglichst nicht mehr als sieben Parameter wählen.
- 3. Schritt: Bestimmung der Parameterausprägungen und Darstel-lung in Form einer **Matrix**

- 4. Schritt: Bestimmung der **Kombination der Ausprägungen** (Problemlösungen) und deren Analyse
- 5. Schritt: **Auswahl** interessanter Problemlösungen sowie Ausschluss technisch oder wirtschaftlich uninteressanter Lösungen.

Der morphologische Kasten ist als Technik zur Ideengewinnung vielseitig anwendbar, beispielsweise bei der Generierung von Produktneuheiten oder Dienstleistungskonzepten. Solche Beispiele halten Abbildung 70 (Konzepte für einen neuartigen Wecker) und Abbildung 71 (Organisationskonzepte für eine Betriebskantine) bereit.

Teil-probleme	Einzellösungen			
Öffnungs-zeiten	7–16 Uhr	7–11 Uhr	11–14 Uhr	14–17 Uhr
Bedienung	Automat	Selbst-bedienung	Bestell-service	am Tisch
Hauptgerichte	vege-tarisch	Vollwert-kost	exotisch	normale Mischkost
Art der Gerichte	Teller-gerichte	abgepackte Fertig-gerichte	Buffet	
Preisniveau	1,50 €	2,50 €	4 €	6 €
Zusatzangebote	Salate und Obst	Snacks	Nachtisch	Gebäck

——— **Lösung 1:**   – – – – **Lösung 2:**
      Mittagstisch   **Kaffeezeit**

Abs. 71: Generierung von Organisationskonzepten für eine Betriebskantine (vgl. Backerra 2002, S. 81)

V. Methode des „Sechs-Hüte-Denkens"

1. Die sechs Hüte

Die Methode des **„Sechs-Hüte-Denkens"** von Edward de Bono beruht auf dem Prinzip, sich nacheinander sechs unterschiedliche Hüte aufzusetzen und **mit jedem Hut einen anderen Standpunkt** zu einer Frage- oder Problemstellung einzunehmen.

E. de Bono hat folgende sechs Hüte („Six Thinking Hats") vorgesehen, die – symbolisch für den jeweiligen Perspektivenwechsel – jeweils eine andere Farbe tragen (Abbildung 72):

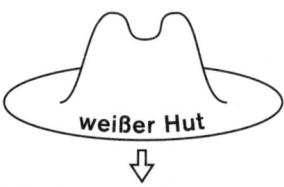

weißer Hut
⇩
Objektivität und Neutralität

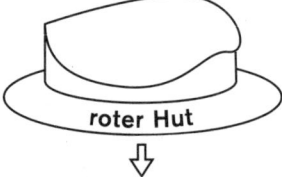

roter Hut
⇩
persönliche Gefühle und Meinung

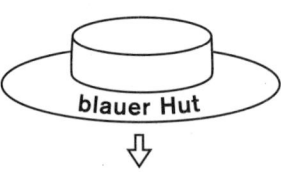

blauer Hut
⇩
Kontrolle, Dirigent sein

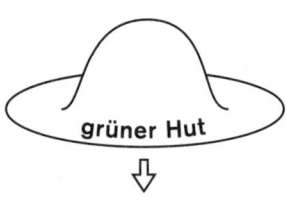

grüner Hut
⇩
Kreativität, neue Ideen

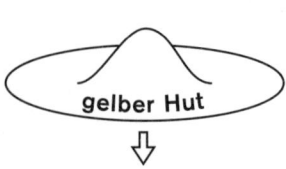

gelber Hut
⇩
objektiv positive Aspekte

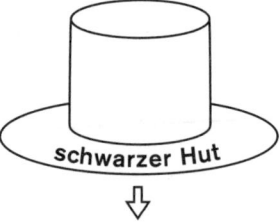

schwarzer Hut
⇩
objektiv negative Aspekte

Abb. 72: Die sechs „Denk-Hüte" nach de Bono

Der weiße Hut: Objektivität und Neutralität

Der Träger des weißen Hutes...

- ... sammelt alle verfügbaren Informationen (Fakten, Zahlen) und zwar vollkommen unabhängig von der persönlichen Meinung
- ... setzt häufig diesen Hut als ersten auf, um sich einen Überblick zu verschaffen, beispielsweise
  - zu Beginn einer Diskussion
  - in der Startphase eines Projektes.

Der rote Hut: subjektives Empfinden, persönliche Meinung

Der Träger des roten Hutes...

- ... lässt seine Gefühle zu, sowohl positive als auch negative (Ängste, Freude, Zweifel, Hoffnungen, Frustration)
- ... darf alles äußern, was er fühlt, unabhängig davon, ob die anderen der Gruppe etwas damit anfangen können oder nicht
- ... braucht sich für seine Gefühle nicht zu rechtfertigen.

Der schwarze Hut: objektiv negative Aspekte

Der Träger des schwarzen Hutes...

- ... findet die objektiv negativen Aspekte des Problems oder der Fragestellung
- ... äußert sachlich alle relevanten Zweifel, Bedenken, Risiken
- ... äußert seine Bedenken beispielsweise so:
  - „Gegen dieses Projekt spricht..."
  - „Die erkennbaren Gefahren des Vorhabens sind..."
- ... vermeidet strikt seine negativen Gefühle.

Der gelbe Hut: objektiv positive Aspekte

Der Träger des gelben Hutes...

- ... sucht das objektiv Positive der Frage- oder Problemstellung
- ... vermeidet strikt seine positiven Gefühle.

Der grüne Hut: Kreativität, neue Ideen

Der Träger des grünen Hutes...

- ... verwendet zur Ideengewinnung Kreativitätstechniken
- ... nutzt das Mittel der Provokation, um andere zum Widerspruch zu reizen
- ... dürfte nach dem Motto handeln: The wilder the ideas, the better
- ... macht keine kritischen Bemerkungen (dies überlässt er dem Träger mit dem schwarzen Hut).

Der blaue Hut: Dirigent sein

Der Träger des blauen Hutes...

● ... übernimmt die Kontrolle und Organisation des gesamten Denkprozesses

● ... betrachtet von einem übergeordneten Punkt (Meta-Ebene) den gesamten Prozess (z. B. Diskussion oder Projekt)

● ... fasst die (Zwischen-)Ergebnisse zusammen

● ... bestimmt, welcher Hut als Nächster von wem aufgesetzt wird

● ... setzt den Hut entweder am Ende einer Sitzung auf oder behält ihn während des gesamten Prozesses auf; im letzteren Fall ist der Träger des blauen Hutes der Moderator

(http://www.zeitzuleben.de/inhalte/ge/denkmethoden/6hut_2_huete.html).

2. Anwendungsmöglichkeiten der Methode

Prinzipiell ist die Methode des „Sechs-Hüte-Denkens" überall einsetzbar, wo es um die Suche und das Finden der besten Lösung geht. Dies ist generell bei Problemlösungsprozessen, Projekten, Besprechungen, Diskussionen u.ä. der Fall. Ein praktisches **Anwendungsbeispiel** ist die Fragestellung eines Unternehmens, ob **flexible Arbeitszeitregelungen** eingeführt werden sollen. Da diese Fragestellung sehr kontrovers diskutiert werden kann, ohne eine Einigung zu erzielen, ist der Hut-/Perspektivenwechsel gegebenenfalls hilfreich (www.zeitzuleben.de/inhalte/ge/denkmethoden/6hut_3_beispiel.html).

Zunächst wird ein Team von fünf oder sechs Personen zusammengestellt, die aus unterschiedlichen Bereichen des Unternehmens kommen. Die **Fragestellung** wird **explizit formuliert**: „Sollen wir in unserem Unternehmen eine flexible Arbeitszeitregelung einführen?"

Zu Sitzungsbeginn setzen alle Beteiligten nacheinander die sechs Hüte auf. (Alternativ können die Teilnehmer gleichzeitig einen bestimmten Hut aufsetzen und nacheinander auch die anderen Hüte.) Jeder äußert sich laut aus dem **„hutspezifischen" Blickwinkel** zur Fragestellung. Die Äußerungen, die schriftlich protokolliert werden (z. B. an der Pinnwand), können beispielsweise lauten:

Träger des **weißen** Huts (Daten und Fakten):
- „Unsere Arbeitszeit beginnt um 8.00 Uhr und endet um 17.00 Uhr. Mittagspause ist von 13 bis 14 Uhr."
- „Die Mitarbeiterinnen und Mitarbeiter erscheinen zu 80 Prozent pünktlich."
- „75 Prozent der Angestellten haben zu Hause Kinder."

Träger des **roten** Huts (persönliche Gefühle und Meinungen):
- „Ich hasse es, früh aufzustehen."
- „Ich fände es toll, wenn ich mittags nach Hause gehen könnte."

Träger des **schwarzen** Huts (objektive negative Aspekte):
- „Es könnte problematisch sein, die tatsächliche Arbeitszeit der MitarbeiterInnen zu kontrollieren."
- „Vielleicht lässt die Arbeitsmoral nach."

Träger des **gelben** Huts (objektive positive Aspekte):
- „Die Motivation der einzelnen MitarbeiterInnen kann sich dadurch erheblich steigern."
- „Dieses Projekt kann uns bekannt machen, wenn wir uns an die Presse wenden."

Träger des **grünen** Huts (Kreativität, neue Ideen):
- „Jede/r Mitarbeiter/in muss immer ein Handy bei sich haben, um erreichbar zu sein."
- „Wir könnten ja mal jeden kommen lassen, wann er will; das probieren wir mal eine Woche lang und gucken, was passiert."

Träger des **blauen** Huts (Zusammenfassung, Organisation):
- „Wir wissen nun, dass 70 Prozent unserer MitarbeiterInnen eine flexiblere Arbeitszeit begrüßen."
- „Das Thema ist durchaus mit starken Emotionen – Ängsten, aber auch Euphorie – belastet. Diese führen allerdings nicht weiter."
- „Es ist offensichtlich notwendig, die tatsächliche Arbeitszeit zu kontrollieren."
- „Daher empfehle ich, im Rahmen einer weiteren Arbeitssitzung die Vor- und Nachteile einer verstärkten Kontrolle zu diskutieren."

Ein anderes **Anwendungsbeispiel** betrifft die Fragestellung, ob sich ein Unternehmen ein **neues Verwaltungsgebäude** erstellen soll und gegebenenfalls die **nicht selbstgenutzte Fläche vermietet** (http://www.mindtools.com/pages/article/newTED_07.htm).

Weißer Hut: Die Arbeitsgruppe analysiert zunächst die Marktsituation und stellt unter anderem fest, dass die konjunkturellen Rahmenbedingungen zwar günstig sind, jedoch das Angebot an Gewerbeimmobilien zunehmend verknappt. Aus Sicht des Unternehmens drängt die Zeit, das Raumproblem zu lösen.

Roter Hut: Einige der Beteiligten äußern sich negativ über das Erscheinungsbild des geplanten Bürogebäudes. Sie bezeichnen es als hässlich und fürchten, die Mitarbeiter würden dort nicht gerne arbeiten.

Schwarzer Hut: Die Bedenkenträger warnen vor überzogenen konjunkturellen Erwartungen. So kann es für die nicht selbstgenutzte Fläche des Gebäudes sein, dass sich hierfür kein Mieter findet. Wenn die Mitarbeiter aufgrund des kritisierten Erscheinungsbildes nicht gerne im neuen Gebäude arbeiten, dann suchen sie sich möglicherweise nach einem anderen Arbeitgeber mit besserem Arbeitsumfeld um.

Gelber Hut: Unter optimistischem Blickwinkel kann das Unternehmen ein gewinnbringendes Geschäft mit dem Gebäude erzielen. Dies wiederum bedeutet eine wichtige Absicherung für den Fortbestand des Unternehmens.

Grüner Hut: Aus der Perspektive des grünen Huts wird möglicherweise nach einem schöneren Design des Gebäudes gesucht. Oder die Gruppe entwickelt Ideen für ein Prestigeobjekt, das dem Unternehmensimage zuträglich ist.

Blauer Hut: Der „Dirigent" sorgt für den Rollen- und Perspektivenwechsel. Auch ist es seine Aufgabe, dass die Gruppenmitglieder nur erlaubtermaßen Kritik äußern, also beispielsweise keine Kritik während der Ideengewinnungsphase (grüner Hut) geübt wird.

Literaturverzeichnis

Backerra, H., Malorny, Ch., Schwarz, W.: Kreativitätstechniken. Kreative Prozesse anstoßen – Innovationen fördern – Die K7, zweite Auflage, München 2002

Berndt, R., Hermanns, A. (Hrsg.): Handbuch Marketing-Kommunikation, Strategien – Instrumente – Perspektiven, Wiesbaden 1993

Berne, E.: Spiele der Erwachsenen, Reinbek 2003, erste Auflage 1967

Birker, K.: Betriebliche Kommunikation, Lehr- und Arbeitsbuch für die Fort- und Weiterbildung, dritte Auflage, Berlin 2004

Blom, H., Gramsbergen-Hoogland, Y., Molen, H. van der: Kommunikationstraining für Studium und Praxis, Köln 1999

Böhler, M. (Hrsg.): Johann Wolfgang Goethe – Schriften zur Naturwissenschaft, Stuttgart 2003

Bono, E. de: Laterales Denken, Reinbek/Hamburg 1971

Dießner, H.: Kreatives Kommunikationsmanagement – Neue Gruppendynamische Übungen, Paderborn 2004

Dommann, D.: Erfolgreicher Persönlicher Verkauf, in: Berndt, R., Hermanns, A. (Hrsg.) 1993, S. 749–765

Gamber, P.: Ideen finden, Probleme lösen – Methoden, Tipps und Übungen für Einzelne und Gruppen, Weinheim und Basel 1996

Gérard, Ch., Gérard, M.: Nonverbale Kommunikation, in: Miller, R. (Hrsg.), Beziehung und Interaktion, a.a.O., S. 30–43

Geschka, H.: Kreativitätstechniken, in: Küpper, H.-U., Wagenhofer, A. (Hrsg.): Handwörterbuch Unternehmensrechnung und Controlling, vierte Auflage, Stuttgart 2002, Sp. 995–1204

Glasl, F.: Konfliktmanagement. Ein Handbuch für Führungskräfte, Beraterinnen und Berater, siebte Auflage, Bern 2002

Hansen, K.: Selbst- und Zeitmanagement im Wirtschaftsstudium – Effektiv planen, effizient arbeiten, Stress bewältigen, Berlin 2000

Harris, T. A.: Ich bin o. k. – du bist o. k., Reinbek 1975

Hartmann, M., Funk, R., Arnold, Chr.: Gekonnt moderieren, Weinheim/Basel 2000

Hentig, H. von: Kreativität. Hohe Erwartungen an einen schwachen Begriff, München 1998

Jung, H.: Personalwirtschaft, vierte Auflage, München 2001

Kanitz, A. von: Gesprächstechniken, Planegg 2004

Kienbaum Management Consultants GmbH: Das Vorstellungsgespräch – Handbuch für die Teilnehmer, o. Jg., o. O.

Luft, J.: Einführung in die Gruppendynamik, Stuttgart 1971

Miller, R. (Hrsg.): Beziehung und Interaktion – Kopiervorlagen mit Informationen, Kommentaren und Aufgaben/Anleitungen, dritte Auflage, Weinheim und Basel, o. Jg.

Nöllke, C.: Präsentieren, 3. Auflage, Planegg/München 2005

Nütten, I., Sauermann, P.: Die anonymen Kreativen – Instrumente einer innovationsorientierten Unternehmenskultur, Wiesbaden 1988

Osborn, A.: Applied Imagination. Principles and procedures of creative problem-solving, dritte Auflage, New York 1965

Pfützner, R.: Kooperativ Führen – Eine Führungslehre für Vorgesetzte, zweite Auflage, München 1982

Rosenstiel, L. von, Regnet, E., Domsch, M. (Hrsg.): Führung von Mitarbeitern. Handbuch für erfolgreiches Personalmanagement, vierte Auflage, Stuttgart 1999

Rüttinger, R.: Transaktions-Analyse, Heidelberg 1996

Schaar, H.: Die Schlanke Unternehmensentwicklung unter den Aspekten des TQM, in: Kamiske, G. F. (Hrsg.): Die Hohe Schule des TQM, Berlin 1994

Schlicksupp, H.: Innovation, Kreativität und Ideenfindung, Würzburg 1992

Schulz, M., Gavranovic, Z., Wollenberg, St., Schulz, A.: Kommunikation aktiv – Basiswissen, Beispiele und Übungen für das selbst organisierte Training, Luchterhand-Verlag (Lose-Blatt-Sammlung), o. Jg., o. O.

Schulz von Thun, F.: Miteinander reden, Bd. 1: Störungen und Klärungen, Reinbek/Hamburg 1993

Schulz von Thun, F.: Miteinander reden, Bd. 2: Stile, Werte und Persönlichkeitsentwicklung. Differentielle Psychologie der zwischenmenschlichen Kommunikation, Reinbek/Hamburg 1992

Schulz von Thun, F.: Miteinander reden, Bd. 3: Das „innere Team" und situationsgerechte Kommunikation – Kommunikation, Person, Situation, Reinbek/Hamburg 1998

Schulz von Thun, F., Ruppel, J., Stratmann, R.: Miteinander reden: Kommunikationspsychologie für Führungskräfte, zweite Auflage, Hamburg 2004

Seifert, J. W.: Visualisieren – Präsentieren – Moderieren, 18. Auflage, Offenbach 2002

Sellnow, R.: Die mit den Problemen spielen... Ratgeber zur kreativen Problemlösung, Bonn 1997

Simon, W.: Gabals großer Methodenkoffer – Grundlagen der Kommunikation, Offenbach 2004

Stelzer-Rothe, Th.: Vortragen und Präsentieren im Wirtschaftsstudium – Professionell auftreten in Seminar und Praxis, Berlin 2000

Stender-Monhemius, K.: Einführung in die Kommunikationspolitik, München 1999

Svantesson, I.: Mind Mapping und Gedächtnistraining. Übersichtlich strukturieren, kreativ arbeiten, sich mehr merken, sechste Auflage, Offenbach 1995

Transfer GmbH: Kommunikationspraxis – Fünf Schritte zu einer guten Kommunikation, Offenbach 2005

Transfer GmbH: Konfliktmanagement – Fünf Schritte zu einem besseren Umgang mit Konflikten, Offenbach 2004

Watzlawick, P.: Menschliche Kommunikation. Formen, Störungen, Paradoxien, Bern 1969

Watzlawick, P., Beaven, J. H.: Menschliche Kommunikation, Bern/Stuttgart 2000

Weisbach, C.-R.: Professionelle Gesprächsführung, 6. Auflage, München 2003

Wellhöfer, P. R.: Schlüsselqualifikation Sozialkompetenz, Stuttgart 2004

Sachverzeichnis

Buchanzeigen

Der Start in den Beruf

Hugo-Becker
Der Test zur Berufswahl

Meine Motive, Vorlieben und Stärken.
Der Test zeigt, wo Stärken, Schwächen und Vorlieben liegen. Die Ergebnisse helfen, Fehler bei der Berufswahl zu vermeiden.

1. Aufl. 2005. 250 S.
€ 9,50. dtv 50884

Göpfert
Aktiv bewerben

Tipps für die Stellensuche, Bewerbung und Vorstellung. Anschauliche Beschreibungen und Beispiele, Formulierungsvorschläge und praxisnahe Tipps helfen, ein individuelles Bewerbungskonzept zu entwickeln und in allen Phasen der Bewerbung überzeugend zu argumentieren.

1. Aufl. 2006. 185 S.
€ 9,50. dtv 50896
Neu im September 2006

Hell
Assessment Center

Souverän agieren – gekonnt überzeugen.
Der Band beantwortet alle Fragen rund um ein Assessment Center: Erwartungen, Abläufe, mögliche und auch »inoffizielle« Übungen, Beurteilung.
Mit praktischen Tipps und Übungsbeispielen.

1. Aufl. 2006. 181 S.
€ 9,50. dtv 50892
Neu im April 2006

Nasemann
Richtig bewerben

Praktische Hinweise für die Stellensuche, Inhalt und Form der Bewerbung, alle Rechtsfragen zu Vorstellungsgespräch und Einstellungstest.

5. Aufl. 2003. 129 S.   §
€ 7,–. dtv 50608   →

Der Start in den Beruf

Das Job-Lexikon
Erste Hilfe für den Berufsstart
Von Susanne Reinker

Beck-Wirtschaftsberater im dtv

Beruf und Karriere

Work-Life-Balance
Wie Sie Berufs- und Privatleben in Einklang bringen
Von Manfred Cassens

Beck-Wirtschaftsberater im dtv

reflexion, Möglichkeiten zur Bewältigung von als stresshaft erlebten Situationen – hier finden Führungskräfte einen fundierten Überblick über Ansatzmöglichkeiten zur Erreichung einer befriedigenden Work-Life-Balance.

1. Aufl. 2006. 387 S.   €
€ 14,50. dtv 50904
Neu im Oktober 2006

Reinker
Das Job-Lexikon

Erste Hilfe für den Berufsstart.
Eine Fülle von Informationen, praktischen Tipps und Denkanstößen, garniert mit witzigen Beispielen aus dem Berufsalltag.

1. Aufl. 2004. 768 S.   €
€ 19,50. dtv 50878

Aus den Pressestimmen:
»Die wichtigsten Finten und fiesesten Fettnäpfchen für Berufseinsteiger.«
                    SPIEGEL online

»Besonders schön: der Mix aus seriöser Information und witzigen Beispielen aus dem Berufsalltag.«
                    Young Miss

»750 Seiten voller Tipps, Infos und Denkanstöße – was soll da noch passieren.«
                    Berliner Morgenpost

Cassens
Work-Life-Balance

Wie Sie Ihr Berufs- und Privatleben in Einklang bringen.
Möglichkeiten für ein System zur erfolgreichen Bewältigung Ihrer individuellen Aufgaben und zur Vermeidung von Zivilisationskrankheiten.

1. Aufl. 2003. 214 S.   €
€ 9,50. dtv 50872

Erfolgsfaktor Persönlichkeit
Managementerfolg durch Leistungsfähigkeit und Motivation
Von Lydia M. Hofmann, Klaus Linneweh und Richard K. Streich

Beck-Wirtschaftsberater im dtv

Hofmann/Linneweh/Streich
Erfolgsfaktor Persönlichkeit

Managementerfolg durch Leistungsfähigkeit und Motivation.
Positiver Umgang mit Anforderungen im beruflichen und privaten Umfeld, Selbst-

Kreativitätstechniken
Mit Diagnosen und Übungen
Von Michael Knieß

Knieß
Kreativitätstechniken

Methoden und Übungen. Kreativität ist der Schlüssel zum Erfolg. Neben einem Überblick über Methoden und Einsatz gibt es in einem umfangreichen Praxisteil Beispiele und Übungsaufgaben, die konkret helfen, das kreative Verhalten zu fördern.

1. Aufl. 2006. 268 S.   €
€ 9,50. dtv 50906
Neu im August 2006

Hugo-Becker/Becker
Motivation

Neue Wege zum Erfolg.

1. Aufl. 1997. 419 S.   €
€ 10,17. dtv 5896

Beruf und Karriere

Erfolgreich im Team

Praxisnahe Anregungen für effiziente
Team- und Projektarbeit
Von Christoph V. Haug
3. Auflage

Beck-Wirtschaftsberater im dtv

Haug
Erfolgreich im Team

Praxisnahe Anregungen für
effiziente Team- und Pro-
jektarbeit.
Mit Diagnose von Erfolgs-
faktoren und konkreten
Hilfestellungen.

3. Aufl. 2003. 187 S.   €
€ 9,–. dtv 5842

Bender
Teamentwicklung

Der effektive Weg zum
»Wir«.
Systematische Führung
durch die Phasen der Team-
entwicklung mit Anleitung
für effiziente Teamleitung.

1. Aufl. 2002. 284 S.   €
€ 12,50. dtv 50858

Fuchs-Brüninghoff/Gröner
Zusammenarbeit
erfolgreich gestalten

Eine Anleitung mit
Praxisbeispielen.

1. Aufl. 1999. 203 S.   €
€ 9,15. dtv 50834

Zander/Femppel
Praxis der
Personalführung

Was Sie tun und lassen
sollten. Das Was und Wie
der Personalführung,
99 Tipps, Fallbeispiele,
Führungsgrundsätze.

1. Aufl. 2001. 129 S.   €
€ 8,50. dtv 50841

Hugo-Becker/Becker
Psychologisches
Konfliktmanagement

Menschenkenntnis –
Konfliktfähigkeit –
Kooperation.

4. Aufl. 2004. 418 S.   €
€ 13,–. dtv 5829

Stender-Monhemius
Schlüsselqualifikationen

Zielplanung, Zeitmanage-
ment, Kommunikation,
Kreativität.

1. Aufl. 2006. 163 S.   €
€ 9,50. dtv 50910
Neu im Oktober 2006   →

Personal-
entwicklung
Erfolgreich motivieren, fördern
und weiterbilden
Von Wolfgang Mentzel
2. Auflage

Beck-Wirtschaftsberater im dtv

Mentzel
Personalentwicklung

Erfolgreich motivieren,
fördern und weiterbilden.
Bedarfsfeststellung, Planung
und Durchführung der För-
der- und Bildungsmaßnah-
men, Kosten- und Erfolgs-
kontrolle.

2. Aufl. 2005. 318 S.   €
€ 10,–. dtv 50854

Drzyzga
Personalgespräche
richtig führen

Ein Kommunikationsleitfaden.
Der rasche Überblick über
die fachlichen und psychologischen Faktoren des
Gesprächs mit Mitarbeitern.

1. Aufl. 2000. 148 S.   €
€ 8,64. dtv 50840

Weisbach
Professionelle Gesprächsführung

Ein praxisnahes Lese- und Übungsbuch.
Wie das Gespräch als Mittel der Führung zweckmäßig, zielorientiert und rationell genutzt werden kann.

6. Aufl. 2003. 494 S.   €
€ 12,–. dtv 5845

Weisbach/Sonne-Neubacher
Leadership in Professional Conversation

Translation of »Professionelle Gesprächsführung«

1. Aufl. 2005. 420 S.   €
€ 14,–. dtv 50879

Neuhäuser-Metternich
Kommunikation im Berufsalltag

Verstehen und verstanden werden.

1. Aufl. 1994. 300 S.   €
€ 8,64. dtv 5869

Zander/Femppel
Praxis der Mitarbeiter-Information

Effektiv integrieren und motivieren. Motivation von Mitarbeitern mit gezielter und empfängerorientierter Information.

1. Aufl. 2002. 103 S.   €
€ 8,50. dtv 50860

Bühring-Uhle/Eidenmüller/ Nelle
Verhandlungs-management

Intuition - Strategie - Effektivität.
Agieren Sie zielgerichtet und erfolgreich.

1. Aufl. 2006. Rd. 250 S.
Ca. € 13,50. dtv 50640
In Vorbereitung für
Sommer 2006

Mentzel
Rhetorik

Sicher und erfolgreich sprechen.
Bausteinsystem für die Vorbereitung und Durchführung eines Vortrags. Zahlreiche Übungen, um die vorgestellten Regeln und Empfehlungen im Einzel- oder Gruppentraining zu vertiefen.

1. Aufl. 2000. 228 S.   €
€ 8,44. dtv 50845

Weisbach
Gekonnt kontern

Wie Sie verbale Angriffe souverän entschärfen.
Gewußt wie: Gekonnt kontern ist weniger eine Frage der Spontaneität als vielmehr der Ausdruck guter Vorbereitung. Die wichtigsten Tipps finden Sie hier.

1. Aufl. 2004. 197 S.   €
€ 9,–. dtv 50885

Jeske
Erfolgreich verhandeln

Grundlagen der Verhandlungsführung.

1. Aufl. 1998. 238 S.   €
€ 8,64. dtv 50824

Beruf und Karriere

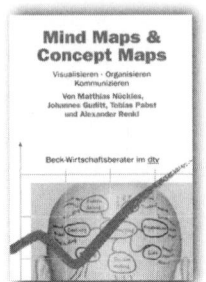

Nückles/Gurlitt/Pabst/Renkl
Mind Maps und Concept Maps

Visualisieren, Organisieren, Kommunizieren.
Mit Lern- und Arbeitstechniken das individuelle und kooperative Wissensmanagement auf einfache wie effektive Weise unterstützen.

1. Aufl. 2004. 162 S. €
€ 9,50. dtv 50877

Breger/Grob
Präsentieren und Visualisieren

... mit und ohne Multimedia.

1. Aufl. 2003. 265 S. €
€ 11,–. dtv 50855

Klotzki
Wie halte ich eine gute Rede?

In 7 Schritten zum Publikums-erfolg.

1. Aufl. 2004. 116 S. €
€ 8,–. dtv 50873

Haberzettl/Birkhahn
Moderation und Training

Ein praxisorientiertes Hand-buch.
Das Buch zeigt eine Auswahl hocheffektiver Methoden des NLP und anderer Ver-fahren so, dass sie unmittel-bar anwendbar und sofort umsetzbar sind.

1. Aufl. 2004. 288 S. €
€ 12,50. dtv 50866

Barth
Telefonieren mit Erfolg

Die Kunst des richtigen Telefonmarketing.
Dieser Berater betrachtet Telefonmarketing als Wirt-schaftsfaktor und Marketing-Instrument und führt in die Grundlagen der Kommuni-kation ein.
Bewährte Methoden und Tricks werden ebenso vorgestellt wie kluge Frage-techniken.

2. Aufl. 2005. 137 S. €
€ 7,50. dtv 50846

Briese-Neumann
Optimale Sekretariatsarbeit

Büroorganisation und Arbeitserfolg.
Ein Leitfaden für Chefs und Sekretariatsmitarbeiter.
Mit Checklisten, Tipps und Beispielen.

1. Aufl. 1998. 308 S. €
€ 10,17. dtv 50804

Briese-Neumann
Erfolgreiche Geschäftskorrespondenz

Perfektion in Form und Stil. Dieser Ratgeber liefert das Handwerkszeug für professionelle Korrespondenz und für das Texten generell.

2. Aufl. 2001. 303 S.   €
€ 10,–. dtv 5878

Assig
Frauen in Führungspositionen

Die besten Erfolgskonzepte aus der Praxis.

»Warum Frauen in der Wirtschaft zunehmend gefragt sind – nein, besser: wären? Dorothea Assigs Buch führt eine ganze Reihe von Argumenten auf – nicht aus der Hüfte geschossen, sondern wissenschaftlich fundiert.«

Süddeutsche Zeitung

1. Aufl. 2001. 252 S.   €
€ 10,–. dtv 50849

ArbG · Arbeitsgesetze

mit den wichtigsten Bestimmungen zum Arbeitsverhältnis, KündigungsR, ArbeitsschutzR, BerufsbildungsR, TarifR, BetriebsverfassungsR, MitbestimmungsR und VerfahrensR.
Stand: 1.1.2006.

Textausgabe.
68. Aufl. 2006. 860 S.
€ 7,–. dtv 5006

Baumert
Professionell texten

Tipps und Techniken für den Berufsalltag.

1. Aufl. 2003. 222 S.   €
€ 10,–. dtv 50868

Schäfer
Business English

Wirtschaftswörterbuch Englisch – Deutsch / Deutsch – Englisch.
Mit rd. 36000 Stichwörtern alle wichtigen grundlegenden Begriffe der englischen und deutschen Wirtschaftssprache.

1. Aufl. 2006. 859 S.   €
€ 19,50. dtv 50893
Neu im Juni 2006

EU-ArbR · EU-Arbeitsrecht

Richtlinien und Verordnungen der Europäischen Union dominieren in zunehmendem Maße das nationale Arbeitsrecht. Dieser Band enthält alle einschlägigen Vorschriften mit Querverweisen auf die Textausgabe »ArbG«, dtv 5006 (siehe oben).

Textausgabe.
2. Aufl. 2004. 467 S.
€ 11,–. dtv 5751

FINANZEN, VERMÖGEN, ALTERSVORSORGE
Geld gezielt einsetzen

Niebling
Geschäftsbedingungen von A–Z
Neues Schuldrecht – Neue AGB.

5. Aufl. 2002. 474 S. §
€ 13,50. dtv 5066

Sangenstedt/Metzler
Meine Rechte als Verbraucher

Warenkauf, Haustürgeschäfte, Verbraucherkredite, Kleingedrucktes. Wer seine Rechte wahrnehmen will, findet hier die ideale Informationsquelle.

3. Aufl. 2005. 267 S. §
€ 12,50. dtv 5220

Müller-Piepenkötter
Auto kaufen und verkaufen

Neuwagen, Gebrauchtwagen, Importfahrzeuge, Leasing. Umfassendes Know-how für Käufer und Verkäufer von der Vorbereitung über Vertragsabschluss und -durch-

führung bis zur Rechtsdurchsetzung.

1. Aufl. 2006. 195 S. §
€ 10,–. dtv 50634
Neu im Mai 2006

Wagener
Produkthaftung Deutschland · USA von A–Z

Rund 380 Stichwörter für den internationalen Geschäftsverkehr und den Verbraucherschutz.
Die wichtigsten Rechtstermini der deutschen und englischen Fachsprache zum Produkthaftungspflichtrecht.

1. Aufl. 2005. 169 S. §
€ 10,–. dtv 50632

Zimmermann
Das Recht des Schuldners von A–Z
Verbraucher- und Schuldnerschutz.

3. Aufl. 2007. Rd. 320 S. §
Ca. € 12,–. dtv 5657
In Vorbereitung

Messner/Hofmeister
Endlich schuldenfrei
Ratgeber für Selbständige und Verbraucher.

3. Aufl. 2006. Rd. 380 S. §
Ca. € 12,–. dtv 5667
In Vorbereitung für Sommer 2006

BankR · Bankrecht
KreditwesenG, GeldwäscheG, BörsenG, BörsenzulassungsVO, WertpapierhandelsG, PfandbriefG, WertpapierprospektG, AGB-Banken/Sparkassen, FinDAG, InvestmentG, Bedingungen für Wertpapier- und Termingeschäfte sowie für den Überweisungsverkehr.

Textausgabe. 33. Aufl. 2005. 904 S. € 10,–. dtv 5021

Schäfer
Financial Dictionary

Fachwörterbuch Finanzen, Banken, Börse.
Englisch – Deutsch / Deutsch – Englisch.
Das bewährte Nachschlagewerk für Studium, Ausbildung und Praxis – jetzt mit 30 000 Stichwörtern in einem Band.

4. Aufl. 2004. 895 S.   €
€ 22,–. dtv 50886

Bestmann
Finanz- und Börsenlexikon

Über 3500 Begriffe für Studium und Praxis.

4. Aufl. 2000. 1001 S.   €
€ 17,64. dtv 5803

Gerke/Kölbl
Alles über Bankgeschäfte

Mehr Kompetenz im Umgang mit Kreditinstituten.
Ein schneller und sachkundiger Einblick in die Grundlagen des Bankgeschäfts.

3. Aufl. 2004. 399 S.   €
€ 12,50. dtv 5825

Wimmer
So rechnen Banken

Entscheidungshilfen für Geldanlage und Kreditaufnahme.

1. Aufl. 2000. 343 S.   €
€ 12,53. dtv 50822

Eller/Riechert
Geld verdienen mit kalkuliertem Risiko

Alles über innovative Geldanlagen.
Optionen, Futures, Equivity-Linked-Bonds, Index-Zertifikate. Wie funktionieren diese Anlageprodukte und wann ist ihr Einsatz sinnvoll?

2. Aufl. 2000. 344 S.   €
€ 10,99. dtv 5874

Brost/Rohwetter
Das große Unvermögen

Warum wir beim Reichwerden immer wieder scheitern.
Niemand gibt zu, vom Umgang mit Geld nichts zu verstehen, dabei scheitern wir regelmäßig: an der Börse, bei der Auswahl der richtigen Versicherung usw.
Das Werk macht das Unwissen über Geld zum Thema und vermittelt die nötige finanzielle Allgemeinbildung, die gerade in wirtschaftlich kritischen Zeiten wichtiger denn je ist.

1. Aufl. 2005. 197 S.
€ 9,50. dtv 50889

Kiehling
Kursstürze am Aktienmarkt

Crashs in der Vergangenheit und was wir daraus lernen können.

2. Aufl. 2000. 304 S.   €
€ 12,53. dtv 5826

len und leichten Zugang zu der komplexen Materie.

5. Aufl. 2005. 382 S.   €
€ 12,50. dtv 5808

Siebers/Siebers
Anleihen

Geld verdienen mit festverzinslichen Wertpapieren. Das Buch gibt einen Überblick über die Vielfalt der festverzinslichen Wertpapiere, erklärt Zusammenhänge und zeigt, wie eine möglichst hohe und sichere Rendite erzielt werden kann.

2. Aufl. 2004. 229 S.   €
€ 11,–. dtv 5824

Pilz
Zertifikate

Indexzertifikate, Discount- und Strategiezertifikate, Zins-, Rohstoff- und Hebelzertifikate. Das gesamte Spektrum der Zertifikate mit Daten aus der Finanzmarktforschung, Anlagestrategien und Praxiswissen für die Altersvorsorge mit Zertifikaten.

1. Aufl. 2006. 367 S.   €
€ 10,–. dtv 50903
Neu im Juli 2006

Aschoff
Aktienanalyse für jedermann

Praktische Tipps für Ihre Anlageentscheidungen. Mit konkreten Beispielen aus der Praxis.

1. Aufl. 2005. 296 S.   €
€ 12,50. dtv 50880

Aehling
Investmentfonds

Klug und sinnvoll anlegen. Anleger, die selbständig in Fonds investieren wollen, finden hier neben einem Überblick auch konkrete Hilfestellung für eine sinnvolle und individuell passende Investmentanlage.

1. Aufl. 2004. 334 S.   €
€ 13,–. dtv 50865

Bergdolt
Meine Rechte als Aktionär

Praktisches Know-how für Neu- und Kleinaktionäre. Das Buch erläutert leicht verständlich alle Vorgänge vom Aktienkauf bis zum -verkauf.

1. Aufl. 2002. 252 S.   §
€ 9,50. dtv 5619

Beike/Potthoff
Optionsscheine

Grundlagen für den gezielten Einsatz an der Börse.

3. Aufl. 2000. 281 S.   €
€ 9,97. dtv 50812

Uszczapowski
Optionen und Futures verstehen

Grundlagen und neue Entwicklungen. Der Band bietet einen schnel-